U0350865

浙江省哲学社会科学重点研究基地
临港现代服务业与创意文化研究中心
资助出版

浙江省哲学社会科学重点研究基地
临港现代服务业与创意文化研究中心成果丛书

Port and Shipping Logistics Ecological Management

港航物流生态治理

李秋正 董 威 著

ZHEJIANG UNIVERSITY PRESS
浙江大学出版社

图书在版编目（CIP）数据

港航物流生态治理 / 李秋正，董威著. —杭州：
浙江大学出版社，2019.6
ISBN 978-7-308-19246-0

Ⅰ. ①港… Ⅱ. ①李… ②董… Ⅲ. ①港口—物流—
生态管理—研究—宁波 Ⅳ. ①X321.255.3

中国版本图书馆 CIP 数据核字（2019）第 125287 号

港航物流生态治理

李秋正　董　威　著

责任编辑	杜希武
责任校对	杨利军　王建英
封面设计	续设计
出版发行	浙江大学出版社
	（杭州市天目山路 148 号　邮政编码 310007）
	（网址：http://www.zjupress.com）
排　　版	杭州好友排版工作室
印　　刷	杭州杭新印务有限公司
开　　本	710mm×1000mm　1/16
印　　张	9
字　　数	162 千
版 印 次	2019 年 6 月第 1 版　2019 年 6 月第 1 次印刷
书　　号	ISBN 978-7-308-19246-0
定　　价	39.00 元

本专著系浙江省高校重大人文社科项目攻关计划
青年重点项目研究成果
课题编号（2013QN080）

前　言

生态兴则文明兴。党的十八大以来，我国着力推动生态文明建设并取得实质性成效。中央指出，要实行最严格的制度、最严密的法治，为生态文明建设提供可靠保障。有效的生态治理是供给侧改革、经济转型升级、国际竞争力提升的战略需要。"生态治理"是运用生态学原理对资源与环境进行宏观调控和管理，以提升生态效率。生态效率是反映经济行为的产出与生态资源投入的比值，比值越高，生态文明水平越高。

"港航物流"是以港口、航运为基础，以集疏运网络为延伸，涵盖现代物流、商品交易、金融、信息服务等内容的综合物流服务体系。港航物流系统在推动经济发展和对外贸易中发挥着基础性作用，具有覆盖面广、辐射力强的特点。进入 21 世纪以来，我国港口获得了跨越式发展，不论是港口的建设数量、规模还是吞吐能力都以惊人的速度增长。2003 年之后，我国港口的吞吐量已经稳居世界第一位，跻身世界港口大国行列，港口对区域经济的贡献不断增强。然而，港航物流的快速发展也不可避免地带来一些负面影响，资源利用矛盾、生态环境影响等问题引起了广泛关注。港口及其腹地的生态承载能力是有限的，不能无节制地加以开发，如何找到一个平衡点，在合理的生态承载范围内实现经济、资源与环境的协同发展，一直是港航物流发展面临的难题。

生态港航作为一种可持续发展的新型港航物流发展模式逐渐被各国所提倡，这种发展模式是在生态系统承载能力范围内，通过优化港航生产和消费方式，发展生态高效的临港产业，实现自然生态与人类生态的高度统一和可持续发展。生态港航是一个涉及港航能源、城市环境、港口经济系统的综合性问题，以降低对海陆自然资源依赖为目标，以清洁能源供应和绿色技术为支撑，在发展过程中注重生态环境保护。从目前的国际形势看,生态港航已经成为引领新一轮港口经济发展和变革的助推器,并日益成为国际政治和经济合作中备受关注的焦点。从国内形势看,构建生态港航发展模式不仅是应对气候变化挑战和破解资源环境约束的客观需要,也是把握新一轮产业革命机遇、培育新的经济增长点、加快临港产业结构调整、推进港口发展方式转变和城市发展转型的内在需要。

当前形势下,港航物流生态建设机遇空前,同时挑战诸多:一是港航物流生态系统功能还不强,生态环境治理亟待深化。课题组前期研究发现,浙江省港航物流系统自 2009 年起开始出现生态赤字,并逐年增大,生态环境质量是港口经济建设乃至高水平全面建成小康社会的明显短板。二是港航物流生态治理监管能力亟待加强。生态监管能力、管理手段明显滞后,生态信息化和现代化水平还不适应生态治理的要求,基础数据和监管系统支撑仍需增强。三是港航物流绿色化发展的体制机制和政策体系仍需深化。建设一个绿色港航物流生态系统,需要政府、产业、科学研究等各方面的共同努力,特别是需要相关政策体系的协调推进。

在此背景下,本书以宁波港为例,力图通过理论与实证研究,从经济、能源、环境三个角度综合分析港航物流发展问题,厘清港航物流生态系统中的各种关系和条件,借助能值—生态足迹理论和方法,构建评价指标体系,系统测算生态承载力和生态足迹,较为全面客观地评价、预测港航物流能耗及生态效应,提出符合港航物流发展实际的可持续生态治理模式,期望为改善港航物流生态环境,提高港航物流的绿色化水平提供理论依据和模式参考。

能值—生态足迹计算简单、结果明了,能够有效地把港航物流作业活动与自然资源相互作用这个复杂问题简单化、定量化。为此,本书选用能值—生态足迹法来度量港航物流的可持续发展情况,重点对 2009—2017 年宁波港航物流中的港口作业部分和公路集卡车集疏运部分消耗的能值进行测算,得出宁波港航物流能值生态足迹;并与其生态承载力进行比较分析,构建了可持续发展指标 SEI 来进行衡量,结果发现宁波港口的发展已经出现了生态赤字,并有进一步扩大的趋势,采取措施进行生态治理,提高生态效率已经迫在眉睫。最后,依据测算结果,本研究提出了一些具体的具有可操作性的建议。

本研究将生态治理问题置于港航物流的系统视角,将环境生态学、经济学、管理学结合起来开展研究,相较单一的港口生态问题研究或绿色物流问题研究而言,具有一定的视角创新性。在研究方法上,将能值—生态足迹法引入港航物流系统,并进行优化和改进,评价生态化水平,为港航物流系统的整体优化和决策提供了计算依据。

本研究数据主要来自宁波市 2009—2018 年公布的统计年鉴,以及浙江省政府、浙江省交通厅、宁波市人民政府、宁波市气象局、宁波市环保局、宁波市交通委、宁波港集团等对外公布的数据和报告;部分数据来自学术论文。此外,本研究还通过对宁波港的实地调研获取了大量一手资料。在此一并表示诚挚的感谢!

感谢朱佳妮、张艺凡、施爱芬、陈梓文、盛晓涵等同学在资料收集和校稿过程中的辛勤工作!

目　录

第一章

港航物流生态治理研究概述

1.1 研究背景和意义

1.1.1 研究背景

"生态治理"是运用生态学原理对资源与环境进行宏观调控和管理,以提升生态效率。生态效率是反映经济行为的产出与生态资源投入的比值。生态效率比值越高,生态文明水平越高。因此,党的十八大以来,中央指出,要实行最严格的制度、最严密的法治,为生态文明建设提供可靠保障。

港航物流是以港口、航运为基础,以集疏运网络为延伸,涵盖现代物流、商品交易、金融、信息服务等内容的综合物流服务体系。港航物流系统在推动经济发展和对外贸易中发挥着基础性作用,具有覆盖面广、辐射力强的特点。然而,港航物流的快速发展也不可避免地带来一些负面影响,资源利用矛盾、生态环境影响等问题引起了广泛关注。如何找到一个平衡点,在合理的生态承载范围内实现经济、资源与环境的协同发展,一直是港航物流发展面临的难题。

就浙江而言,"十三五"时期是高水平全面建成小康社会的决战期,"两富"、"两美"现代化浙江建设的关键期,也是实现生态环境质量全面改善的转折期。"海洋经济示范区"、"国际强港工程"、"港口经济圈"等作为浙江省积极对接国家"一带一路"倡议,主动融入长江经济带,助推浙江海洋经济发展示范区建设的重要战略,被省政府定位于"浙江承担国家战略的主载体、经济转型升级的主引擎、区域协调发展的主平台"①。《浙江省国民经济和社会发展第十三个五年规划纲要》明确提出:要高标准构建支撑都市经济、海洋经济、开放经济、美丽经济发展的四大交通走廊,形成水陆空多元立体、互联互通、安全便捷、绿色智能的现代综合交通体系。顺应国内外港口发展趋势,坚持生态优先、绿色发展的战略定位,大力推进并率先建成"绿色港口经济圈",具有重要的战略意义。在港航物流系统建设中,需要综合考虑经济产出与生态资源消耗之间的关系,加强生态治理,加快提升生态效率。然而,现行生态治理模式,主要由政府主导,环境政策层层分解到地方政府加以执行。但事实上,生态问题的产生和生态治理之间在空间和时间尺度上往往是不一致的,这在很大程度上导致了地方政府环境政策执行的不力。因而需要我们从治理的模式和路径方面去反思生态治理问题。

在此背景下,本书以宁波港为例,力图通过理论与实证研究,从经济、能源、环境三个角度综合分析港航物流发展问题,厘清港航物流生态系统中的各种关系和条件,借助生态足迹理论和方法,优化改进并构建评价指标体系,系统测算生态承载力和生态足迹,较为全面客观地评价、预测港航物流能耗及生态效应,提出符合港航物流发展实际的可持续生态治理模式。本研究期望为改善港航物流生态环境、提高港航物流的绿色化水平提供理论依据和模式参考。

1.1.2　研究意义

当前形势下,研究并加快推进港航物流系统生态治理和生态效率提升,是

---

① 详见浙江省人民政府办公厅 2016 年 4 月 28 日印发《浙江省海洋港口发展"十三五"规划》。

落实节能环保重要举措、推进供给侧改革、加快经济转型升级的战略需要,尤其对于浙江来说,更是符合时需且意义长远。

(1)港航物流系统生态治理与生态效率提升是践行中央提出的"创新、协调、绿色、开放、共享"五大发展理念,深入推进发展方式转变的必然选择。当前,我国综合国力和国际竞争力达到新高度,国家生态文明建设也已进入实质性推进阶段。"一带一路"和长江经济带建设为浙江在更大范围、更高层次参与全球竞争和区域合作提供了战略契机,转型发展、创新发展、绿色发展成为新常态下浙江经济发展的主旋律。浙江"八八战略"提出既要大力发展海洋经济,又要创建生态强省。率先研究、加快出台生态治理政策,通过"港航物流生态治理",发挥浙江生态优势,带动新兴产业发展,实现海港、海湾、海岛"三海"生态联动,加快推进港口、产业、城市绿色协调发展,有利于发挥港航物流的资源配置和内外连接功能,迅速形成辐射效应;有利于从根本上缓解浙江资源环境压力,确保生态环境安全,全面带动改善浙江生态环境质量,率先建成全国生态文明示范区和美丽中国先行区,为实现高水平全面建成小康社会奋斗目标提供生态环境保障。因此,通过定量测算、评估,研究提升浙江港航物流系统生态效率的目标、举措和实现途径并提出对策思路,不仅是浙江破解资源环境约束的客观需要,更是培育新的经济增长点、加快产业结构调整、推进发展方式转变的必然选择。

(2)生态治理和生态效率提升是浙江海洋强省战略的内在要求。深入推进海洋经济发展示范区建设,加快建设"三位一体"港航物流服务体系,是浙江海洋强省战略重中之重的工作。其中,"三位一体"港航物流服务体系是浙江建设海洋经济发展示范区的最大特色。港航物流服务体系是服务于区域产业链的综合物流体系,具有产业关联度大、辐射能力强的特点。但同时,港航物流也是生态输入性产业,不仅需要利用陆上资源,还涉及临港的水域,港航物流对生态环境的影响不可小视。浙江"八八战略"提出既要大力发展海洋经济,又要创建生态强省。由此可见,新形势下,必须将港航物流发展放入生态圈的循环中,从港航物流服务体系—社会经济圈—生态圈的整体角度出发,抓住资源生产率与经济和环境之间的关系,研究港航物流体系的建设与提升问题,为区域经济的可持续发展提供支撑。

(3)港航物流发展迅速,但高能耗和环境污染及由此引发的社会问题不容小视。尽管经济性指标能够直观地反映港航物流推动经济发展的积极作用,但生态代价巨大。以宁波港为例,随着港口经济发展,港口相关的大气污染物排放量占全市排放总量的比例,已由 2005 年 1.02% 上升至 2016 年 2.75%,增长 1 倍多。按照规划,到 2020 年宁波港集装箱吞吐量将达 3000 万标箱,港口物流大气污染物排放量有可能上升至全市的 5%,生态环境对于港航物流发展的承载力越来越弱。这将进一步引发港口与城市之间以及各区域之间协调发展的系列矛盾,并将成为公众关注的焦点问题。加强生态治理、提升港航物流生态效率,已成为一个超出经济领域的社会问题。此外,在国际上,评价一个港口的指标不再仅仅是这个港口所创造的经济价值,对于生态环境的要求也越来越高。我国是《MARPOL73/78 防污公约》的缔约国之一,生态建设是我国港口长足发展的必然要求。

1.2　研究思路与方法

1.2.1　研究思路

本书以可持续发展理念为指导,紧扣国家生态文明建设和浙江省海洋强省战略的内在要求,合理界定港航物流生态治理的研究范畴。在调查分析和文献研究的基础之上,主要运用能值—生态足迹法来评价港航物流生态化建设水平。根据浙江港航物流生态治理现状与趋势,建立港航物流能值—生态足迹模型。本研究重点以宁波港航物流体系为研究对象,通过调研和数据收集,运用能—生态足迹模型进行实证分析,将生态因素转化为生态成本,研究其在港航物流系统中的内部化转移机制;分别测算出宁波港航物流体系的生态承载力,以及港航物流系统能耗、碳排放及废水、固体废弃物等生态因素的生态足迹,研究生态足迹和生态承载力之间的差异,判断宁波港航物流生态环境的现状与问题,探寻港航物流生态治理和生态效率提升的有效机制和实现路径,并提出相应的政策建议。

1.2.2　研究方法

本书在研究过程中,体现三个原则。一是文献研究与行业调研相结合。通过对港航物流及生态足迹模型进行文献研究,再结合浙江港航物流生态治理现状调研,寻找方法与问题的契合点,确立研究目标与研究假设。二是定性分析与定量分析相结合。在对港航物流生态系统进行理论分析和问题梳理的基础上,根据统计数据运用改进后的生态足迹模型,定量测算相应的生态足迹和生态承载力。三是理论创新与实际应用相结合。根据研究实际对相关的理论和方法进行改进和完善,形成新的研究框架;同时,提出切实可行的港航物流生态治理路径及政策建议。本书主要运用的研究方法包括:

(1)专家访谈法与个案研究法。运用专家访谈法与个案研究法,研究情境分析和结论论证。

(2)环境计量算法。建立测算模型,利用环境计量算法,系统、深入剖析港航物流的生态影响因素。

(3)能值—生态足迹法。利用能值—生态足迹法,计算浙江港航物流系统的生态足迹和生态承载力,评价生态文明水平。

(4)比较分析法。利用比较法,分析国内外生态港口发展的内在规律与趋势,分析生态港航建设的环境和条件,寻找可行经验和做法。

1.3　主要内容和章节安排

1.3.1　主要内容

（1）港航物流生态治理的理论研究。一是界定港航物流生态影响要素。包括港航物流系统从生态环境中吸入的自然资源量，和港航物流排入生态环境的废弃物。港航物流使用的自然资源主要有近港水域、港口陆域、集疏运道路资源、能源燃料；港航物流排出的废弃物主要有港口作业、集卡车等排出的废水、废气、废渣和生活产生的废水、固体废弃物。二是厘清变量及变量间关系。主要考察变量为生态足迹、生态承载力、生态效率和生态成本，通过比较生态足迹与生态承载力的差异，计算生态盈余（或赤字）；通过生态效率指标研究生态与港航物流产出的关系；通过理论研究，形成研究假设。

（2）港航物流生态要素的测算与评估。以宁波港为例，进行调查和数据搜集，重点对港区和港口集疏运体系的资源能耗和环境污染情况进行分析，结合IPCC（Intergovernmental Panel on Climate Change，联合国政府间气候变化专门委员会）里确定的地球温暖化物质计算手册、中国节能手册、中国公路建设项目环境影响评价规范等确定的指标和系数标准，采用国际通用的测算方法，建立测算模型，测算内容主要包括船舶在港作业、港区机械、集卡车的燃油消耗；船舶港区机械、集卡车的燃油碳排放等。

（3）港航物流系统生态足迹与生态承载力分析。引入能值—生态足迹法，并加以改进，将能值理论与生态足迹方法结合起来，通过太阳能值转换率的概念，对与传统的不同的生态足迹，统一将其换算为以能值为单位的数值，使得计算的结果更加符合港航物流生态系统的实际情况。首先，在计算区域能值密度的基础上，计算港航物流系统能值生态承载力。其次，基于第二部分的生态要素测算,分别计算港区和集疏运系统各种消耗项目能值生态足迹。最后,通过可持续发展指标 SEI 来对区域的可持续发展程度进行衡量。改进后能值生态足迹采用统一的能值标准,使系统的能量流、物质流和货币流都具有可比性和可加性,因而这种方法能够很好地运用于港航物流这一开发系统之中。

(4)港航物流系统生态治理与生态效率提升路径研究。基于定量分析结论,探索建立政府、港口以及上下游企业之间良性互动的生态治理长效机制,寻找一条基于港航物流系统生态成本转移的政策执行通路,论证可行性,总结出可供生态港航建设借鉴的路径和做法。

1.3.2　章节安排

全书一共分为七章,第一章为研究概述,阐明研究的背景、意义,以及研究思路和方法,规划全书的研究框架。

第二章为相关文献综述以及国内外港航物流生态治理发展评析,从学术研究和发展实践两个角度确立研究的基点,主要分析港口可持续发展、港口绿色化、港城关系、环境成本量化研究、生态足迹和生态承载力、港口环境政策等相关研究。

第三章为本研究的逻辑起点,从浙江港航物流发展实际和生态治理现状出发,寻求问题及其症结所在,从而明确研究命题和着眼点。本研究重点从港航物流对城市生态环境的影响,以及港航物流对海洋生态环境的影响两个方面,通过官方数据和统计测算直观反映港航物流对生态环境的负面影响。

第四章为本研究的逻辑支撑点,即理论与研究方法的选择,以可持续发展理论为依托,选取生态足迹方法,并借助能值理论对生态足迹方法加以优化和改进,建立改进的能值—生态足迹模型。

第五章是本研究的逻辑重点,以宁波港为例进行实证分析,应用建立的能值—生态足迹模型,对宁波港航物流生态承载力和生态足迹进行定量测算,包括对港区作业部分的能耗及公路集疏运系统所带来的集卡运输产生的能耗等,并对测算结果进行分析,得出研究结论。

第六章为本研究的逻辑终点,基于理论和实证分析,提出港航物流生态治理路径方法及政策建议。

第七章为研究的逻辑延伸,立足"绿色海上丝绸之路"建设,探讨海丝路沿线港口生态治理的协同机制。

全书的逻辑框架见图1.1。

1.4 研究价值和创新点

1.4.1 研究价值

本研究针对港航物流业开展调查和数据分析,重点以宁波港为例,采用能值—生态足迹法,通过测算港航物流能耗和排放,并转换为能值生态足迹,评价港航物流生态化建设水平和生态效率;掌握生态化建设过程中亟须解决的现实和长远问题,基于海洋经济发展要求,借鉴相关理论和国际先进经验,研究港航物流生态治理和生态效率提升的影响因素、实施举措和实现途径等,并以政策建议的形式提供参考。

(1)学术价值。①本研究以生态经济理论为指导,将生态足迹法引入港航物流领域,优化改进并构建评价指标体系,从经济、能源、环境三个角度综合分析港航物流发展问题,为港航物流的生态评价提供了方法借鉴。②本研究采用港航物流、生态环境的相关数据进行定量计算,建立的计算模型能较为全面客观地评价港航物流能耗及生态效应,为后续同类研究提供了有价值的数据和结论。

(2)应用价值。①本研究生态足迹的计算、环境成本的量化、相关转移机制的研究,将为生态红线的划定、生态补偿机制的建立,以及相应的环境治理政策提供重要的理论依据。②本研究分析思路和相关方法可推广到我国其他

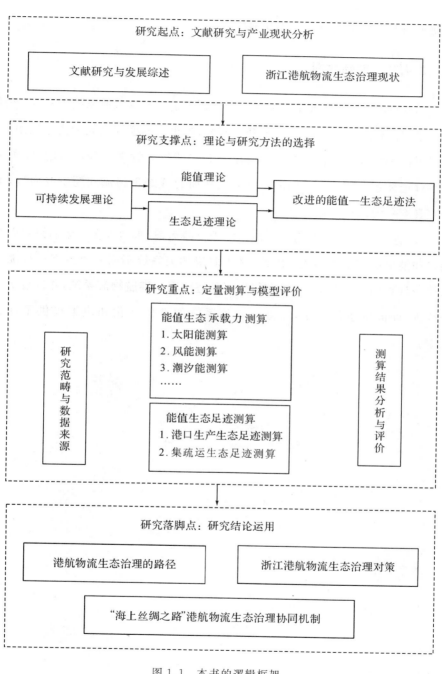

图 1.1 本书的逻辑框架

沿海港口城市的港航物流生态化研究。

1.4.2　创新之处

(1)视角创新。本研究将生态治理问题置于港航物流的系统视角,将环境生态学、经济学、管理学结合起来开展研究,提出新的模式框架和概念模型;并通过理论和实证,厘清内在机理,得出具有实践指导意义的理论命题,完善了相关理论体系。相较单一的港口生态问题研究或绿色物流问题研究而言,本研究具有一定的视角创新性。

(2)方法创新。港航物流系统是涵盖公路运输、水运等多种运输模式以及港口和港口群的系统集成。因此,必须解决物流系统不同要素生态承载能力的统一计算问题。为此,本研究将生态足迹法引入港航物流系统,并进行优化和改进,评价生态化水平,为港航物流系统的整体优化和决策提供了计算依据。

第二章

港航物流生态治理相关研究与发展综述

　　港航物流是一个开放的系统,与港口城市及经济腹地紧密联系。港航物流的可持续发展需要港口和集疏运体系生态功能的协同发挥;同时,也需要港口与城市良性互动。为此,港航物流生态治理,需要统筹考虑,系统分析。相关研究涉及港口绿色化、港城互动、环境成本在物流系统的量化以及生态足迹法等研究方法应用等。国内外港航物流生态治理的相关经验和做法也为本研究提供了有益的借鉴。

2.1　港口可持续发展相关研究

2.1.1　国外相关研究

　　1987年,在以挪威首相布伦特兰夫人为首的联合国世界环境与发展委员会所做的"我们共同的未来"报告中,正式明确地提出了可持续发展观。同年,美国生态学家理查德·瑞杰斯提出了所期望的理想生态城市应具有的六点特征。1993年10月25日,联合国贸易与发展委员会通过了港口的可持续发展规划(Sustainable Development for Ports),着重讨论了港口环境管理的技术问题、经济发展带来的港口环境压力、港口环境保护政策及其可持续发展战略,拉开了全世界港口环保行动的序幕。E Paipai(1999)等文献考察了港口与城市的发展关系,以丹佛港、法尔茅斯港、特鲁罗港、彭林港、鹿特丹港环境保护工作为实例,提出了港口环境和港口项目管理的行动指南。

2.1.2　国内相关研究

郭保春、李玉如(2006)介绍了纽约—新泽西港口管理部门在港区运营、船舶监控、环境监测等方面为建设"绿色港口"所做出的努力,并提出了针对我国港口可持续发展的具体建议。董仪、林安东(2001)引入拓展融资方式、高新技术开发应用和环境资源承载能力,探讨港口的可持续发展模式,提出了促进港口可持续发展战略实施的对策。梁佩珩(2006)提出,创新环保战略,建设绿色港口,实施可持续发展战略,可以实现港口经济效益、社会效益、环境效益的内在统一,是港口发展的主流方向。施云清等(2010)指出,在国家倡导低碳出行、低碳发展的大方向下,应减少陆运集疏运系统,进一步发展海铁联运。周炳中、辛太康(2008)在分析了国内外主要港口,衡量了其各自的可持续性发展能力基础上指出,需要按照一系列战略来推动国内港口发展。这些发展战略主要有发展智力支持系统、对港口进行制度创新、港城一体化发展、对港口的产业链和港口腹地同步建设,从而进一步推进中国在全球经济一体化进程中的可持续发展。

综述可见,以往研究成果主要集中于分析港口自身的生态化问题,且基于规则系统的研究方法难以揭示港航物流这一复杂系统的整体规律和动态性特征,从而影响了决策支持价值。

2.2　港口环境问题及绿色化发展相关研究

该领域研究主要包括以港口为研究对象的港口项目环境评价、港口与城市的关系、港口绿色化、港口竞争力评价等。

2.2.1 国外相关研究

一直以来,国外学者对港口环境方面的研究内容都比较多。20世纪60年代至90年代,随着各国大量环境质量评价工作的广泛展开,一些专家学者和相关机构开始着眼于港口建设项目的环境影响评价和管理研究。Knight等(1984)提出了采用生态概念模型与互动矩阵相结合的方法对海岸工程项目的规划进行环境影响评估。随着可持续性发展的概念的提出,很多学者从定性和定量两个方面分别研究了港口及其周围环境的可持续性发展问题。在对这一问题的定性研究上,Brooke(1990)首次运用绿色理念对环境影响的评估程序进行了改进,并对港口建设过程中所产生的环境影响因素进行总体分析。而在定量研究上,Trozzi等(2000)建立了基于可持续发展理论应用扩散和传播模型,全面分析了港航业产生的大气、弃土、水域、噪声污染和垃圾物。

2.2.2 国内相关研究

国内在港口环境问题方面的研究开始时间较晚,并且多集中在概念性的引入及定性分析上。姚伟静等(1998)将可持续性发展的概念引入到港口研究中,并据此提出跟港口绿色化密切相关的合理使用水域、海岸线、土地等自然资源的生态保护措施;张入方(2009)具体阐述了港口建设、运营过程与城市空间环境之间的关联性,基于此提出了其相互的关联因子。在定量研究方面,王爱萍(2000)建立了港口可持续性发展综合评价体系,定量地分析了日照港对可持续发展的影响;赵伟娜、王诺(2007)构建了用于计算港口绿色经济贡献率的表格,并命名为绿色投入产出表;张淼(2009)基于绿色理念,采用定量计算方法分析了港口发展对环境及资源的不利影响,并且构建了计算模型,基于此给出相应的解决方案。施云清等(2010)指出,在低碳经济的大背景下,应大力发展海铁联运。罗先香、杨建强(2014)基于生态质量和生态响应理论,对莱州湾生态环境进行了质量评价。

从上述研究可见,在港口发展和港口评价的相关研究中,生态因素越来越多地被考虑在内,尤其是在港口竞争力评价中,生态因素的权重呈明显的上升趋势。但是,港航物流是一个由航运、港口作业、集疏运网络构成的有机系统,仅考察港口这一关键节点的生态因素,无法对港航物流系统的承载能力进行全面度量,也就无法进行系统优化和提升。

2.3   港城互动相关研究

国内外对于港口与城市互动发展关系的研究,主要包括港口发展对城市经济的影响以及港口与城市联动发展的相互关系等。

2.3.1   国外相关研究

国外关于该问题的研究已有多年历史,研究成果丰富。Merelene Austin (1982)详细介绍了港口对城市经济发展的影响。他指出,港口的发展能为城市引进先进的技术,有利于促进城市产业的升级,其作用是十分显著的。

1953 年,美国对特拉华河港进行研究后的《每一吨货对地区经济价值》的研究报告,是世界上有关港口经济贡献研究的第一篇报告。此后,纽约港、旧金山港等纷纷开始了港口与城市经济关系的研究。1979 年,美国海事管理局公布了《港口经济影响软件包》;1986 年,又对该软件包进行了修订,规范了港口对区域经济研究的标准。在这一时期,人们更清楚地认识到了港口所产生的经济效益,除了港口直接经济效益之外,还应该包括港口相关产业所产生的间接经济效益。此后,世界上许多国家都相继开始了关于港城关系的定量研究。

国外关于港口与城市联动发展的相互关系研究,以英国地理学家伯德为最早的探索。他从港口设施建设的角度对港口区位进行了专门研究,提出了

"港口通用模型",首次涉及港城相互作用,为不同区域的港口进行比较提供了一种简便可行的方式。随后,港口工业化成为港口与区域发展研究的重点和热点问题。20 世纪 80 年代以后,更多的国外学者开始将研究领域发展到对城市的滨水区进行再开发,也成为了港城关系发展中的最新研究阶段。

2.3.2　国内相关研究

国内在港口如何影响城市经济方面的研究比较多。许继琴(1997)认为:港口是城市对外的门户,可以通过发展港口经济带动一个城市产业的转型升级;杜其东等(1996)、杨华雄(2000)、刘秉镰(2002)等都从理论上定性阐明了"港以城兴、港为城用、港城相长、衰荣共济"的发展规律;在港口对城市经济影响的定量研究中,梁双波等(2007)针对南京单独的案例,对港城关系进行了定量分析。

关于港口与城市互动关系的研究,目前国内尚处于初级研究阶段。最早的研究应是吴传钧等(1989)以动力结构的演变规律为基础,从港口与城市相互作用的角度探讨了港口城市的一般成长模式,为我国港口与城市互动发展理论奠定了基础。随着国内港口与城市的加速发展,学者们纷纷开始从互动的角度研究港口与城市经济的关系。陈文晖等(2006)将港城互动发展的演变关系分为港城初始联系、港城相互关联、港城集聚扩散和城市自增长效应四个发展阶段;姚伟静等(1998)认为,港口城市的兴衰取决于港城之间的相互作用是否进入良性循环阶段,其规划应坚持硬件、软件并重的原则;杨镜吾等(2006)指出,现代港口不仅推动了城市经济总量的增长,大大增强了城市经济的辐射能力和竞争能力,同时也充分改善了城市的产业结构,而城市的发展又促进了港口的发展,二者相辅相成;张萍等(2006)从系统工程的角度出发,通过构建港城系统对港城互动的演化规律与动力机制进行了定量研究,从总体上揭示了我国港口与城市协调发展的客观趋势。

2.4　环境成本在物流系统中的量化研究

该领域主要从物流系统视角将环境成本量化,并研究其在物流系统中的内部化转移问题。

2.4.1　国外相关研究

美国环境保护局(USEPA)于 1995 年提出了环境成本的概念,并将环境成本划分为传统成本、潜在的隐藏成本、或有成本、形象与关系成本四类。经济发展与环境保护之所以发生冲突,其深层次原因是环境成本的外部性造成了产品价格扭曲和市场失灵,纠正外部性的最好办法是实施环境成本内部化。环境成本内部化强调"污染者付费原则",即污染者为他们的行为支付全部成本。这样才能解决传统情况下的诸多问题(O'Connor,1997)。Bengt Johansson(2006)基于瑞典产业,研究了不同环境政策工具在不同范围内实施时,对产业的影响效应。Ding 等 (2010) 构建多阶段的评价模型来评估环境治理的影响因素,就环境成本内部化的经济可行性进行了分析论证,并以新能源汽车为例,构建多阶段的评价模型来评估环境成本内部化的影响因素,认为只有通过政府、社会和企业的协作,环境治理才能实现可持续发展。

将环境成本引入物流管理的研究时间并不长,1996 年,美国密歇根州立大学制造研究学会提出了绿色物流管理的概念,并将绿色物流作为一个重要的研究内容。1997 年,印度专家 Anik Ajmera 提出了绿色物流管理的有关定义。Birett 等(1998)讨论了在选择供应商时如何考虑环境保护因素等问题。1999 年,Beeman 将一些环境因素引入物流系统模型中,提出了更广泛的物流系统设计方式。在之后的 15 年间,共有 300 余篇论文与绿色或可持续供应链有关,纵观所采用的研究方法,共有 36 篇应用量化模型(Stefan Seuring,

2015），主要包括生命周期评价、均衡分析模型、多目标决策和层次分析法等典型文献如 Clift（2003）、Ukidwe（2005）、Cholette（2009）、Sarkis（2010）等。在实践推动下，土星 Staurn 公司及其供应商与田纳西大学的清洁产品中心及美国环保局组成了绿色物流与供应链管理合作伙伴，旨在减少土星（Saturn）汽车在整个生命周期中对环境的影响。

2.4.2　国内相关研究

2000 年以后，我国学者开始考虑环境因素研究绿色物流系统的概念及体系结构，主要侧重运用完全成本法、生命周期法等方法，对绿色供应链的成本和绩效进行评价分析。王跃堂和赵子夜（2002）借鉴国外相关研究，结合密尔福得（Milford）公司案例，介绍了国外流行的事前规划法，要求对物流流程进行事前优化设计，减少环境成本的产生。徐瑜青等（2002）对完全成本法与生命周期法、外部环境成本的内部化以及未来环境成本的处理等问题进行了理论探讨，提出了完全成本法是进行环境成本计划与控制的有效方法。徐玖平（2003）提出环境成本的现实、超前两层次控制模式，并进行了案例分析。刘倩（2012）对供应链环境成本内部化中供应商与制造商的博弈进行了系统研究；丁慧平及其课题组基于简化的供应链模型，主要运用博弈论方法，对供应链内部环境成本的转移和分摊机制作了较多研究（丁慧平，2013）、（胡安利，2012）。

综上可见，环境成本内部化是破解环境政策困境的根本，基于物流系统（如港航物流系统）的环境成本转移与分摊是环境成本内部化的有效途径。环境成本的量化、相关转移机制的研究，将为环境补偿定价以及相应的环境治理策略提供重要的理论依据。国内外对环境成本的研究主要是从定义、分类、核算控制等方面展开研究的，对产生的环境成本如何转移和分摊，由谁主导等问题的研究较少，尤其是针对港航物流系统环境成本的量化及内部化转移机制研究更需加强。

2.5　基于生态足迹和生态承载力的研究

2.5.1　国外相关研究

生态足迹于 1992 年由加拿大生态经济学家 Rees 提出,是一种衡量人类对自然资源利用程度以及自然界为人类提供的服务的方法。目前,国内外学者对生态足迹法方面的主要研究方向有三种空间尺度,分别为全球宏观层面,国家、区域和城市等中观层面,以及企业、家庭、学校、个人等微观层面。

在宏观层面上,Wackernagel 等(1998)主要测算了一个宏观的全球性的生态容量,其研究结果发现全球的人均生态容量仅为 2.2 公顷(hm^2)。在中观层面上,Wackernagel 等(1999)曾测算出了世界上 52 个国家和地区 1997 年的生态足迹,研究表明其中 35 个国家和地区存在生态赤字,其中生态赤字最大的是美国;Wackernagel(2002)计算了全球的生态足迹和生态承载力,结果为生态足迹高于生态承载力,这说明人类对生态的索取超出了它所能提供的最大值。为了将不同生态生产性土地类型的空间汇总为区域的生物生产力和生态足迹,需要乘以一个等价因子。目前采用的等价因子包括 Wiiliam 和 Wackernagel 提出的:森林和化石能源用地为 1.1,耕地和建筑用地为 2.8,草地为 0.5,海洋为 0.2;世界自然基金会(WWF)2006 年提出的因子为:可耕地和建成地 2.21,森林 1.34,牧草地 0.49,水域 0.36,化石能源地 1.34;等等。此后,McDonald 等(2004)计算了新西兰的生态足迹。Van Vuuren 等(2000)利用地方实际单产法对不丹、荷兰和哥斯达黎加的生态足迹进行核算。

在微观层面上,英国学者 Simmons 和 Chambers 在 1998 年提出了成分法,即自下而上利用当地数据进行归纳,增加了生态足迹方法在空间尺度上的适用面。其难点在于对消费项目进行分类,当消费项目考虑得越充分时,其结果也就越接近于真实消耗情况。经过 Lewis 和 Barett（2000）的进一步改善，他们运用成分法模型研究了格恩西岛的生态足迹。John Barett 等（2001）应用成分法模型研究了英国第二大深水港——利物浦港的生态足迹。

2.5.2　国内相关研究

我国研究生态足迹最早的案例是徐中民等（2000）计算了中国 1999 年的生态足迹，人均生态足迹为 1.326hm^2，人均生态承载力为 0.681hm^2，生态赤字为 93％，我国处于一种不可持续发展的状态。刘宇辉（2002）对我国 1961—2001 年的生态足迹研究进行了动态研究，结果表明收入与生态足迹成正比。生态足迹方法可单独用于测度某一项或几项消费与对应的生物生产性土地的关系。之后，国内研究学者自 2003 年开始对生态安全研究工作关注逐步增多，尤其是 2006 年开始骤然升温，研究呈现多样化趋势。

将生态足迹法运用到区域生态研究中的文献主要有：段永离（2005）引入生态足迹法对北京废弃物物流运输网络进行了生态足迹的实证计算研究。孙兆敏等（2007）研究了苜蓿种植等产业的生态足迹。王大庆（2008）运用传统生态足迹方法和能值—生态足迹方法对黑龙江生态安全和可持续发展进行了研究；刘晶（2008）运用能值—生态足迹模型对吉林省进行了生态安全研究；袁文博（2010）运用传统生态足迹方法对南宁市生态安全进行了评价，姜瑞华（2010）运用此方法对重庆市生态安全做了研究，刘海涛（2011）也运用此方法对内蒙古自治州生态安全进行了研究；冯民、顾晓薇、王青、王凤波（2011）基于生态足迹成分法的基本原理，构建了度量城市固态垃圾环境压力的生态足迹与排放强度计算模型。沈晓峰（2012）对宁波大岚镇农村生活垃圾太阳能处理及其生态足迹进行了研究；曹晶晶（2012）则运用改进后的生态足迹模型研究了湖北省的生态足迹及生态承载力。

生态足迹论也被广泛应用到旅游、农业、水资源、碳足迹等方面的研究，南京大学的章锦河、张捷（2004）在分析旅游者的生态消费及其结构特征的基础上,提出了旅游生态足迹的概念,构建了旅游、交通、住宿、餐饮、娱乐、游览等 6 个旅游生态足迹计算子模型,并采用此分析方法对 2002 年黄山市游客的旅游生态足迹及其效率进行了计算和分析。罗先香、杨建强(2009)通过对西北地区进行水资源生态足迹计算分析,得出陕、甘、宁、青、新都处于生态赤字状态,五省区的消费模式都是不可持续的;黄青等(2003)在数据调查的基础上,对西北黄土地区的个人生态足迹进行了计算与评价;杨秋(2013)将能值理论与生态足迹模型相结合并运用到甘肃省农业生态系统的可持续发展之中。

在港口领域,国内学者李广军(2007)将生态足迹法运用到中国的几个城市之中,计算了天津、青岛、香港等港口城市的生态足迹及生态承载力,结果发现香港的生态效率最高;孟海涛等(2007)将生态足迹方法运用到厦门西海域的围填海评价中,对厦门西海域的围填海工程造成的生态承载力的累积性变化做了量化分析;李睿倩(2012)将能值理论及方法引入到海阳港区总体规划可持续评价中。国内目前将改进生态足迹法运用到港口物流中的研究还不多见,而对港航物流这一开放系统的生态足迹研究则更少。

综述可见,通过生态足迹需求与自然生态系统的承载力进行比较,可以定量判断某一国家或地区目前可持续发展的状态,并可进行横向比较,以便做出科学规划和建议。将生态足迹法引入港航物流体系评价这一经济系统的生态水平,是一项全新的探索。

2.6 国外港口环境政策经验借鉴

近年来,由于温室气体大量排放而导致的气候变暖等环境问题不断出现,人们已经深刻意识到了环境保护的重要性与紧迫性。为了保证居民的生活质量,保障经济的可持续发展,发达国家开始重新审视对待港口发展与环境保护的态度,在环境保护方面对港口发展提出了更为严格的要求,建设绿色、低碳、生态的港口也自然而然地在许多发达国家达成了共识。

2.6.1 欧盟港航物流生态治理经验

欧盟众多成员国都是海滨国家,港口资源丰富,海岸线绵长。欧盟港航物流起步较早,目前发展得已经较为成熟。欧洲国家是绿色经济的主要倡导者,也是绿色港航物流的先行者。欧盟注重港航物流发展,也同样注重发展过程中的生态保护。港口的建设和管理除了满足港航物流发展的要求外,已经向智能化、环保、清洁、创新和可持续的方向发展。尤其以英国、荷兰等国家最具代表性。

位于英国伦敦东部的绿色航道已正式投入使用,提供绿色运输方式。经过翻修,河道被重新启用,新水闸可支持每周12000吨的货物运输,这意味着每周减少的卡车使用量可相应减少排放400吨二氧化碳。荷兰鹿特丹港把建设低碳港口提高到发展目标的首位,并提出建设"无碳港",实现产业、资源、环境全面协调。欧盟国家所推行的有关港航物流生态建设制度、政策也相对完善,值得借鉴。

(1)出台相应法律,保护生态环境

欧盟颁布了多项法律以控制海运污染,保护生态环境。欧盟提出了要增加对燃油脱硫技术和设备的投资,减少硫化物的产生。欧盟出台的新法律规定,在不同水域内实行不同的海运燃油的含硫量标准。2015年在"硫排放控制区"内,海运燃油的硫含量降低至0.1%,到2020年,在其境内的其他水域内,海运燃油的硫含量必须降低到0.5%。欧盟对港航物流发展提出的高难度的生态保护举措,值得每个国家学习。

(2)更换船舶燃料,保护生态环境

欧盟各国主张推广污染较小的燃料,降低能源消耗。船舶使用天然气或生物燃料等替代柴油、重油等污染燃料,以获得更多的环境效益。德国汉堡港可以为泊靠船只提供岸上供电服务,船只靠岸之后可以关闭引擎,利用高压电线和岸上的电缆相连也能保证船上的正常作业。

(3)严格控制海洋碳排放,防止全球气候变暖

欧盟通过了一项针对航运业碳排放的监管,旨在防止全球气温再度攀升的法案。此项法案支持技术发展,力求建立一个较为健全的机制,可以更加标准、高效地实时监控、记录、检查并报告船舶的碳排放,希望逐步从根源上减少温室气体的排放。

2.6.2　美国港航物流生态治理经验

长滩港是美国"生态港口"建设的典型案例,长滩港每年5000多艘次船舶进出,日吞吐量近2万标箱,是美国西海岸的主要集装箱港口,港航物流对生态环境的过度消耗曾使港区的水质恶化、栖息的生物难觅踪影。为了在促进经济繁荣的同时打造全球领先的绿色港口,2005年以来长滩港务局相继出台了多项措施,并取得成功。经过综合治理,长滩港的生态环境得到明显改善,先后被美国港务局协会授予"环境改进奖",获美国环保总局的"空气清洁优胜奖"等荣誉。他们的主要经验包括:

(1)美国社会与政府监督,推动港航环保意识不断加强

在美国,由于环境保护民间团体持续施压,要求美国政府以及各个州的政府环保部门,必须对港口的生态环境建设做出明确的且能够有一定标准的完善设置,并采取相关的政策措施对此监督。美国港口监管部门对港口的生态环保问题一直保持着十分严格的审核监督。随着时间的推移,港口企业在发展过程中已经意识到需要将环境保护纳入企业的发展战略之中。当然,港口为达到相应的环保目标,必须对日常生产作业活动管理做到十分准确,严格要求,从各个方面降低暴雨排水、发动机、设备施工等排放的废水、废气及固体废弃物等污染的排放量,将环保因素纳入港口几乎所有的设施设计与施工过程中。

（2）环保投资和科技投入，保证了港口生态化水平迅速提高

美国政府和社会各界对港口的环保工作进行了全过程的支持，从环保教育的投入、环保科技的投入到其他人力、资金的支持。这样的举动同时还吸引了港口企业的加入。例如，长滩港投资 3000 万美元建设加利福尼亚联合码头和 Pier S 集装箱码头，这两个码头都把港口环境保护作为客户租用的首要条件。2018 年 4 月，加州能源委员会（California Energy Commission）拨款总额约 970 万美元，支持长滩港与南加州爱迪生公司（Southern California Edison, SCE）合作，启动美国最大的港口机械零排放试点项目，将 25 套零排放或接近零排放的港口机械投放至长滩港码头。此试点项目是货物运输企业、设备制造商、公共事业和公有机构合作推进港航物流生态治理的典型范例。正是全社会共同参与到港口的环保工作中，才使得美国港口的环保水平得到了迅速的提高，取得了举世瞩目的成就，而这些优秀的可持续发展经验也是非常值得学习和借鉴的。

（3）注重绿色技术推广，实现港航物流低碳化生产

一是降低靠港船舶废气排放。采取措施要求所有船只在离港 20 海里时把时速降至 12 海里以下，以有效降低燃料消耗和废气排放。全年达标率超过 90％ 的船只可在第二年享有减免泊位费的优惠，并获得绿色环保标识旗。这项举措得到了航商的支持，船只减速减排行动在长滩港获得成功。此外，长滩港务局把岸上电力接入船舶，从而避免了使用燃油带来的废气污染。二是降低集卡车废气排放。长滩港务局推出了"清洁卡车计划"，目标是通过淘汰重污染卡车，在五年内把卡车污染气体排放的总量降低 80％ 以上，该计划从 2008 年 10 月开始执行。2017 年，长滩港和洛杉矶港又批准实施《清洁空气行动计划》（Clean Air Action Plan），旨在 2030 年港口达到零排放标准。2018 年推出的零排放港口项目，开启了运输电力化和港口自身向零排放转变的新领域，预计未来每年可降低 1323 吨温室气体的排放量以及减少约 27 吨的因烟雾引起的氮氧化物排放。同时，零排放的港口设备预计每年还可节省 27 万

加仑的柴油。

从国内外的相关研究和行业经验可见,港航物流发展与生态环境之间存在相互促进和相互制约的辩证关系。港航物流的发展,有利于带动区域经济的快速发展,加快相关产业的转型升级,这对生态环境保护具有积极作用;但港航物流快速发展过程中,对资源和能源的消耗日益加剧,对生态环境产生了负面影响。随着日益严格的生态法规和不断高涨的生态意识,通过有效的生态治理,提升港航物流系统生态效率势在必行。以往研究为本书提供了大量的理论依据,但是研究成果主要集中于分析港口自身的生态化问题,将港航物流作为一个有机系统,综合考虑港口、航运、集疏运体系,并将港航物流发展置于整合经济社会发展之中开展研究的较少。基于能值—生态足迹来研究港航物流的生态治理问题更鲜有人涉猎,这对于本研究来说既是创新也是挑战。本研究将基于大量的数据和资料,力图建立相对完整的理论框架,通过测算港航物流系统能耗、碳排放等生态因素,将生态因素转化为生态成本,研究其在港航物流系统中的内部化转移机制;运用能值—生态足迹法来评价生态化建设水平,研究生态足迹和生态承载力之间的差异,寻找港航物流生态治理和生态效率提升的有效机制和实现路径,并提出对策建议。

第三章

浙江港航物流发展现状及对生态环境的影响

3.1 浙江港航物流的发展现状与趋势

3.1.1 浙江港航物流的发展现状 ①

浙江地理位置优越,东侧临近东海,全省沿海岸线迂回绵长,拥有大陆及岛屿海岸线 6715 公里,占我国海岸线总长的 21%,居全国第 1 位,是闻名世界的海洋大省。浙江港航物流资源得天独厚,拥有丰富的深水港口以及配合疏港的内河航道,地处长江经济带与东部沿海经济带战略交汇,保障了浙江港航物流发展的天然条件。

浙江省现有宁波舟山、嘉兴、台州和温州等 4 个沿海港口,200 多条集装箱航线中远洋干线占到 60%,航线广泛连接全球多个国家和地区。到 2017 年底,浙江拥有沿海港口泊位 1084 个,其中万吨级以上增加到了 235 个。沿海航道和航线四通八达,习惯航道近 5000 公里,其中可通航 15 万吨级以上船舶航道 16 条,拥有集装箱航线达 240 多条,连接全球 100 多个国家和地区的 600 多个港口。全省运力规模达到 2588.1 万载重吨,其中海运运力为 2124.7

---

① 本节数据均来自于浙江省交通厅官方网站对外公开的数据。

万载重吨,居全国第一。2017 年,全省完成水路货运量 8.7 亿吨、周转量 8069.2 亿吨公里。全省内河运输船舶 1.1 万艘,运力规模 463.1 万载重吨。2017 年,全省内河完成水路货运量 2.2 亿吨。各项指标继续位居全国前列。

全省境内河流众多,水网密布,现有杭州港、宁波内河港、嘉兴内河港、湖州港、绍兴港、金华兰溪港、丽水青田港等 7 个内河重点港口,其中杭州港、嘉兴内河港、湖州港为全国内河主要港口。截至 2017 年底,浙江省内河航道里程达到 9765.9 公里,其中 500 吨级及以上高等级航道里程 1561.4 公里,居全国第三位。

浙江省港航物流体系的初步框架大致构成,以宁波舟山港为主线,嘉兴、温州、台州港三个沿海港口作为辅助,其他中小港口做到分层次发展,内河港口作为补充,发挥衔接疏浚等作用。各海港主要运营煤炭、石油及其制品、金属矿石、矿建材料等大宗商品。

2018 年,全省港口完成货物吞吐量 16.9 亿吨,比 2017 年(15.9 亿吨)增长约 6.5%;完成集装箱吞吐量 2975.2 万标准箱(TEU),比 2017 年(2747.1 万 TEU)增长约 8.3%。其中,全省沿海港口完成货物吞吐量 13.4 亿吨,比 2017 年(12.6 亿吨)增长约 6.2%;沿海港口完成集装箱吞吐量 2898.5 万 TEU,比 2017 年(2687 万 TEU)增长约 7.9%。2018 年,全省内河港口完成货物吞吐量 3.6 亿吨,比 2017 年(3.3 亿吨)增长约 8%;完成集装箱吞吐量 76.8 万 TEU,比 2017 年(60.1 万 TEU)增长约 7.6%。详细统计数据见表 3.1。

2018 年,宁波舟山港货物吞吐量再超 10 亿吨,自 2009 年起连续十年位居全球港口货物吞吐量首位;集装箱吞吐量超过 2600 万 TEU,跃居全国第二,并首次闯进全球前三。

表 3.1　2018 年浙江省港航物流统计数据

统计指标	单位	完成量	为 2017 年的 %
港口货物吞吐量	万吨	169210.2268	106.5
沿　海	万吨	133534.3009	106.2
内　河	万吨	35675.9259	108.0
港口外贸货物吞吐量	万吨	52036.0585	103.7
沿　海	万吨	51835.1865	103.8
内　河	万吨	200.8720	79.8
港口集装箱吞吐量	万 TEU	2975.245175	108.3
沿　海	万 TEU	2898.473575	107.9
内　河	万 TEU	76.7716	127.6
港口外贸集装箱吞吐量	万 TEU	2432.05585	107.6
沿　海	万 TEU	2400.74250	107.7
内　河	万 TEU	31.3134	101.3

数据来源:浙江省交通厅,http://zjgh.zjt.gov.cn/art/2019/1/7/art67411034394.html,2019-01-07.

3.1.2　浙江港航物流的发展趋势[①]

浙江位于东北亚经济区核心地带,经济总量和增长速度在国内一直名列前茅。浙江省港口资源丰富,港口经济腹地几乎覆盖整个长江流域,港航物流发展迅猛,对外开放程度高,被誉为"亚太地区重要的国际门户"。目前,浙江正着力建设海洋经济发展示范区,旨在拓宽港口功能,转变集散为集聚、通过储备推动贸易、增加个性化的增值服务,建立"三位一体"港航物流服务体系是浙江海洋发展的首要任务。

近年来,浙江港航物流基础设施投资持续增长。"十一五"期间浙江港航物流基础设施总投资金额是"十五"的 3.3 倍;"十二五"期间,全省港航基础设施建设共计完成投资 719 亿元,居全国第三位,为"十一五"期间的 1.5 倍,是

[①]　数据来源于浙江省人民政府公布的《浙江省海洋港口发展"十三五"规划》《浙江省水运发展"十三五"规划》等。

"十二五"规划目标的120%。其中沿海港口建设投资582亿元,内河水运建设投资137亿元,航道养护投资12.8亿元。"十三五"期间,重点建设沿海港口"543"工程,即建成万吨级以上泊位超过50个,投资超过400亿元,新增吞吐能力3亿吨;建设内河水运"313"工程,即建成高等级航道超过300公里,建成内河高等级泊位超过100个,投资超过300亿元;航道养护投资超过10亿元;陆岛交通码头投资超过15亿元。从发展趋势来看,浙江港航物流将突出创新、协调、绿色、开放、共享发展理念,以"强港口、畅内河、优服务、深转型"为主线,重点完善港航基础设施网络,提高港航综合服务水平,提升行业治理能力,服务海洋经济、开放经济、美丽经济发展。一是优化沿海港口结构。建设嘉兴港独山港区、黄泽山港区、鼠浪湖中转码头,加快乐清湾港、台州港以及浙北海河联运引领区等在内重大在建项目建设。二是深化港口资源整合。积极推进港航信息化、智能化建设,落实好创新宁波舟山港一体化的政策,加快浙江港航转型升级,促进浙江港航物流统筹发展。三是互联互通、开放发展。主动融入"一带一路"、长江经济带等国家发展战略,加强与海上丝绸之路沿线港口合作,建立跨区域港口联盟、港航联盟,拓展国际集装箱航线,增强港口国际竞争力。

"十三五"期间,浙江港航物流的主要建设和发展指标如表3.2所示。

表3.2　浙江港航物流"十三五"建设和发展主要指标

类　别	指标名称	单　位	2015 年末完成	2020 年末计划
沿海港口	沿海港口建设五年投资	亿元	582	400
	沿海港口总吞吐能力	亿吨	10	13
	沿海港口集装箱吞吐能力	万 TEU	1800	2900
	沿海港口万吨级以上泊位	个	219	270
内河水运	内河水运建设五年投资	亿元	137	300
	高等级航道里程	公里	1451	1600
	内河港口总吞吐能力	亿吨	3.69	3.7

类　别	指标名称	单　位	2015 年末完成	2020 年末计划
多式联运	江海联运量	亿吨	2.5	3.5
	海河联运量	万吨	1400	5000
	海铁联运集装箱量	万 TEU	17	50
	内河集装箱运输量	万 TEU	37	100
船舶结构	内河船型标准化率		—	70%
	内河货运船舶平均吨位	载重吨	300	400
	沿海、远洋船舶运力总规模	万载重吨	2011	2200
	沿海、远洋船舶平均吨位	载重吨	6117	7000
陆岛渡运	陆岛码头五年投资	亿元	18	15
	五年建设陆岛码头	个	80	80
科技与信息化	长三角船联网数据共享平台浙江省船舶数据共享率		—	90%
	骨干航道和重点水域船舶 AIS 率、船舶识别率		—	95%
安全应急	地方海事辖区接警时间		24 小时	24 小时
	出警时间		15 分钟	12 分钟

数据来源:浙江省港航局,http://zjgh.zjt.gov.cn/art/2017/4/10/art_6707_946635.html,2017-04-10.

3.1.3　浙江打造绿色港航的建设要求

"十三五"期间,浙江省重点打造绿色港航,推动港航物流生态环保、绿色发展。积极响应"两美"浙江①和"五水共治"②的要求,加快以"三不一推"③为

---

① "两美"浙江是浙江省委十三届五次全会提出的"建设美丽浙江、创造美好生活"的新的战略部署。

② "五水共治"是 2013 年 11 月 29 日浙江省委十三届四次全会提出的,包括:治污水、防洪水、排涝水、保供水、抓节水五项战略目标。

③ "三不一推"是指运输船舶不违规排放油污水、船员不随意丢弃垃圾、危险品船舶确保不泄漏,推进船舶清洁能源应用。

主题的绿色港航建设,充分发挥浙江港航物流绿色低碳的先发优势,进一步优化基础设施结构、运输装备结构、运输组织方式和能源消费结构,将绿色发展要求贯彻到港航基础设施建设、养护和管理全过程。

未来几年,将加快实施绿色港口和绿色航道创建工作,打造绿色港航示范工程。重点推广港口岸电和油改电等技改措施,推广节能环保标准船型,落实船舶排放控制区实施方案,进一步落实船舶水污染防治。加快建立行业节能减排指标和相关标准体系等。按照《浙江省水运发展"十三五"规划》要求,到2020年末,营运船舶单位运输周转量能耗较2015年下降3.3%,CO_2排放较2015年下降3.4%;港口生产单位吞吐量综合能耗较2015年下降3.2%,CO_2排放较2015年下降4.4%。运输船舶不发生较大等级以上污染事故,内河运输船舶垃圾和油污水上岸率达到98%以上。在排放控制区航行、停泊、作业的船舶排放的大气污染物不超过国家和浙江省规定的排放标准等。浙江省政府"十三五"期间设立的绿色港航规划目标如表3.3所示。

表3.3 浙江绿色港航"十三五"建设目标

指标名称	2015年末完成	2020年末计划
营运船舶单位运输周转量能耗下降	—	3.3%
营运船舶单位运输周转量 CO_2 排放下降	—	3.4%
港口生产单位吞吐量综合能耗下降	—	3.2%
港口生产单位吞吐量 CO_2 排放下降	—	4.4%
内河运输船舶垃圾和油污水上岸率	—	98%

数据来源:浙江省港航局,http:∥zjgh.zjt.gov.cn/art/2017/4/10/art_6707_946635.html,2017-04-10.

3.2 港航物流对城市生态环境的影响

港口与城市之间存在互利关系的同时,两者必然在某些方面存在冲突,这种冲突主要源自在有限的空间范围内,资源的日益匮乏和环境问题的日益严重。港口物流过程中所产生的废水、废气、固体废弃物等污染物,正在不断地破坏着城市的环境以及危害着居民的健康。近年来,生态与环境问题正逐渐成为影响港口城市高质量发展的核心因素之一。

以宁波为例,2017年宁波市区空气PM2.5年均浓度37微克/米³,空气质量综合指数4.31。全年空气质量达标311天,超标54天,其中轻度污染50天、中度污染3天、重度污染1天。市区环境空气复合污染特征明显,主要污染物为臭氧和PM2.5;臭氧超标35天,超标率9.6%;PM2.5年均浓度超标0.06倍,超标20天,超标率5.5%[①]。在空气污染的排放来源中,港口物流相关的船舶和集卡车在生产和运输过程中所产生的废气污染占有相当比重,直接影响着宁波的城市空气质量。

本章以定量的方式,分别针对宁波港港口作业及其公路集疏运系统的碳排放进行测算。对于港口的作业产生的碳排放,主要来源于港口的装卸生产和辅助生产带来的碳排放,船舶在港区作业的碳排放也被包括在其中。对于宁波港区之外的集疏运系统来说,经过调查发现,铁路运输只占了2%左右,而公路所占的比重高达87%。为此本章重点对公路集疏运系统所产生的碳排放进行测算,主要是考虑集卡车排放的废气。

3.2.1 宁波港口产生的碳排放测算

按照国家颁布的标准《港口能源消耗统计及分析方法》,港口的能耗情况即港口的生产综合能源单耗,指的是港口完成单位吞吐量所消耗的生产综合能源量,包括装卸生产综合能耗量和辅助生产能耗量。装卸生产综合能耗量指直接用于装卸生产的能耗量,主要包括装卸、水平运输、库场作业、现场照明、客运服务等能耗量;辅助生产能耗量指直接为装卸生产服务的能耗量,主

---

① 宁波市人民政府.2017年宁波市环境状况公报,http://gtog.ningbo.gov.cn/art/2018/6/5/art_57_921681.html,2018-06-05

要包括港作船舶、场区内铁路机车运输、后方货运汽车、物流公司、机修、候工楼、生产办公楼、理货房、港口设施维护、冷藏箱保温、液体化工码头灌区及管道加热、港区污水处理、给排水等能耗量,这些活动均会产生碳排放。

在港区生产综合能耗测算中,港口生产单位吞吐量综合能耗按照每万吨吞吐量所消耗的吨标准煤来度量,记为"tce/万 t 吞吐量",其中"ce"表示"标准煤"。电力折算成标准煤的单位为"gce/kWh"[①],即每生产一度电,所消耗的克标准煤。

彭传圣(2011)衡量能耗综合单耗评价指标时,选用 2005 年为基准年,充分考虑港口的能耗实物量,包括汽油、柴油、重油、煤炭、电力等,并按照电力折算标准煤系数选用等价值 404gce/kWh,得到的港口生产单位吞吐量综合能耗为 5.7tce/万 t。在国家节能减排的要求之下,随着技术水平的提高,国家公布的每年的发电单位煤耗量在不断下降。在此基础上,测算得到港口的单位生产吞吐量综合能耗,如表 3.4 所示。

表 3.4　2009—2017 年全国平均沿海港口生产单位吞吐量综合能耗推算结果

年　份	基准年 (2005)	2009	2010	2011	2012	2013	2014	2015	2016	2017
电力折算标准煤系数 (gce/kWh)	404	339	332	329	326	323	320	317	313	309
港口生产单位吞吐量 综合能耗(tce/万 t)	5.7	4.78	4.68	4.64	4.60	4.55	4.78	4.68	4.64	4.60

数据来源:根据国家能源局公布的"电力折算标准煤系数"推算所得。

在已知港口生产单位吞吐量综合能耗的情况下,根据宁波港港口货物吞吐量数据,可计算得到各年度宁波港港口货物吞吐量综合能耗,计算公式如下:

港口生产吞吐量综合能耗＝港口货物吞吐量×港口生产单位吞吐量综合

---

① 采用国家能源局公布的 6000 千瓦及以上电厂供电标准煤耗。

能耗。

计算结果如表 3.5 所示。

接下来计算宁波港口消耗的煤所带来的 CO_2 排放量。国家发改委能源研究所推荐值,1 吨标准煤完全燃烧产生的"二氧化碳(CO_2)"的"碳(C)"排放系数(单位:吨碳/吨标煤(tc/tce))为 2.493(t/tce)。

2009—2017 年宁波港口生产所产生的碳排放测算结果如表 3.6 所示。

3.2.2 宁波港口公路集疏运系统碳排放的测算

目前,宁波港口货物集疏运体系以公路集疏运为主体,由此带来的道路拥挤程度加剧和发动机污染物排放总量增加已成为城市发展必须面对的问题。集卡车的尾气排放主要包括二氧化碳及其他污染物质,如一氧化碳、碳氢化合物、氮氧化合物、固体悬浮颗粒、铅及硫氧化合物等。本章主要测算集卡车的二氧化碳排放量。

2009—2017 年宁波港集装箱吞吐量如表 3.7 所示。经过调查发现,宁波港的集疏运方式中,公路集装箱所占的比重约为 $p=87\%$,平均装载率按 $r=70\%$ 计算,则集卡车交通生成量 N_T 可由下式所得(计算结果如表 3.8 所示):

$$N_T = A_T \times p \div r \qquad (3.1)$$

其中,A_T 为集装箱年吞吐量。

集卡车大气二氧化碳排放量 P_T 可由下式算得:

$$P_T = N_T \times M \times L_E \qquad (3.2)$$

其中,M 为集卡车平均行驶里程;L_E 为 CO_2 的单车排放系数(g/km·辆),即某类型车辆单位行驶里程所排放的 CO_2 的量。根据中国环境保护科学研究院大气所的实际测定及该所研究的国外同类车型的研究数据可得出不同车型的 CO_2 排放因子,如表 3.9 所示。

根据宁波市港口公路集疏运系统的实际情况,主要针对大型集卡车及重型柴油车进行分析,集卡车在宁波市区内的平均行驶里程为 20 公里,由于港

表 3.5 2009—2017 年宁波港港口货物吞吐量及能耗计算

年份	2009	2010	2011	2012	2013	2014	2015	2016	2017
港口货物吞吐量（万 t）	38385	41217	43339	45303	49592	52646	51004	49619	55151
港口生产单位吞吐量综合能耗（tce/万 t）	4.78	4.68	4.64	4.60	4.55	4.78	4.68	4.64	4.60
港口生产吞吐量综合能耗（tce）	183480.3	192895.56	201092.96	208393.8	225643.6	251647.9	238698.72	230232.2	253694.6

数据来源：根据表 3.4 数据所得。

表 3.6 2009—2017 年宁波港港口货物吞吐量及能耗计算

年份	2009	2010	2011	2012	2013	2014	2015	2016	2017
港口货物吞吐量（万 t）	38385	41217	43339	45303	49592	52646	51004	49619	55151
港口生产单位吞吐量综合能耗（tce/万 t）	4.78	4.68	4.64	4.60	4.55	4.78	4.68	4.64	4.60
港口生产吞吐量综合能耗（tce）	183480.3	192895.56	201092.96	208393.8	225643.6	251647.9	238698.72	230232.2	253694.6
港口生产吞吐量产生的碳排放（万 t）	45.74	48.09	50.13	51.95	56.25	62.74	59.51	57.40	63.25

数据来源：根据表 3.5 数据所得。

注：每吨标准煤完全燃烧产生二氧化碳（CO_2）的排放系数，按照国家发改委能源研究所所推荐值 2.493(t/tce)计算。

表 3.7 2009—2017 年宁波港域货物吞吐量和集装箱吞吐量情况

年份	2009	2010	2011	2012	2013	2014	2015	2016	2017
货物吞吐量（万 t）	38385	41217	43339	45303	49592	52646	51004	49619	55151
集装箱吞吐量（万 TEU）	1042.3	1300.4	1451	1567	1677.4	1870	1982.4	2069.3	2356.6

数据来源：《宁波市统计年鉴》。

表 3.8 2009—2017 年宁波港公路集装箱生成量

年份	2009	2010	2011	2012	2013	2014	2015	2016	2017
货物吞吐量（万 t）	38385	41217	43339	45303	49592	52646	51004	49619	55151
集装箱吞吐量（万 TEU）	1042.3	1300.4	1451	1567	1677.4	1870	1982.4	2069.3	2356.6
公路集装箱生成量（万 TEU）	1295.43	1616.21	1803.39	1947.56	2084.77	2324.14	2463.84	2571.84	2928.92

数据来源：根据表 3.7 数据测算所得。

表 3.9 机动车 CO_2 排放因子

机动车分类	排量=1升微型私家车	排量>1升轿车型私家车	出租车（LPG）	出租车（汽油）	公交车	轻型柴油车	中型柴油车	重型柴油车
CO_2 排放因子（g/km·辆）	76.0	94.3	117.1	149.6	131.5	15.8	32.8	64.1

数据来源：中国环境保护科学研究院大气所。

口的集疏运辐射范围不仅仅在宁波市，还包括周边的一些无水港等商品的集疏运中转、港口的腹地等，考虑拓展到浙江省域，根据收集的数据，宁波市集卡车95％以上来源于沪杭甬高速、甬金高速、甬台温高速以及沈海高速杭州湾跨海大桥段，其里程及集卡流量比重如表3.10所示。

用集卡来源的权重乘以相应高速的行驶里程并加总求和，即可得集卡车的高速路段平均行驶里程为179.913公里，加上宁波市区的平均行驶里程20公里，故集卡车的平均行驶里程约为200公里，即 M 的取值为200。根据计算公式(3.2)则宁波港口公路集疏运2009—2017年 CO_2 排放量 P_T 计算结果如表3.11所示。

3.2.3　测算结果分析

随着宁波港口吞吐量的快速增长，港口物流对城市生态环境的负面影响日益凸显。近年来，城市大气污染物排放量相对比较稳定，而随着宁波港集装箱吞吐量由2009年的1042.3万TEU快速增长到2017年的2356.6万TEU，宁波港航物流相关的二氧化碳排放量也由2009年的约62.35万吨增加到2017年的100.80万吨，增长近7成，占区域碳排放总量的比例在不断提高。2009—2017年宁波港航物流碳排放量变化趋势如表3.12和图3.1所示。

由表3.12和图3.1可见，2009—2017年，宁波港口生产和集疏运系统的 CO_2 排放总量逐年上升，且上升幅度较大，这是由于进出口贸易的发展，宁波港的港口货物吞吐量迅速增加而引起的；个别年份略有下降，也是由于进出口贸易的减少，吞吐量的下降影响所致。

表 3.10 各高速路段里程及集卡车来源比例

高速公路段	杭甬高速	甬金高速	甬台温高速	沈海高速	杭州湾跨海大桥段	其他
里程(km)	248	184	252.7		36	
集卡车来源比例(%)	22	10	39		24	5

数据来源:浙江省智慧高速网

表 3.11 2009—2017 年宁波港公路集疏运集卡车的 CO_2 排放量

年份	2009	2010	2011	2012	2013	2014	2015	2016	2017
货物吞吐量(万 t)	38385	41217	43339	45303	49592	52646	51004	49619	55151
集装箱吞吐量(万 TEU)	1042.3	1300.4	1451	1567	1677.4	1870	1982.4	2069.3	2356.6
公路集装箱生成量(万 TEU)	1295.43	1616.21	1803.39	1947.56	2084.77	2324.14	2463.84	2571.84	2928.92
公路集装箱 CO_2 排放量(万 t)	16.61	20.72	23.12	24.97	26.73	29.80	31.59	32.97	37.55

数据来源:根据表 3.8 和表 3.9 数据及公式 3.2 推算所得。

表 3.12　2009—2017 年宁波港航物流碳排放量及结构

项目	2009 年	2010 年	2011 年	2012 年	2013 年	2014 年	2015 年	2016 年	2017 年
港口生产碳排放量（万 t）	45.74	48.09	50.13	51.95	56.25	62.74	59.51	57.40	63.25
公路集疏运碳排放量（万 t）	16.61	20.72	23.12	24.97	26.73	29.80	31.59	32.97	37.55
宁波港港航物流碳排放总量（万 t）	62.35	68.81	73.25	76.92	82.98	92.54	91.10	90.37	100.80
港口生产碳排放量占比（%）	73.36	69.89	68.44	67.54	67.79	67.80	65.32	63.52	62.75
公路集疏运碳排放量占比（%）	26.64	30.11	31.56	32.46	32.21	32.20	34.68	36.48	37.25

资料来源：根据表 3.6 和表 3.11 数据计算所得。

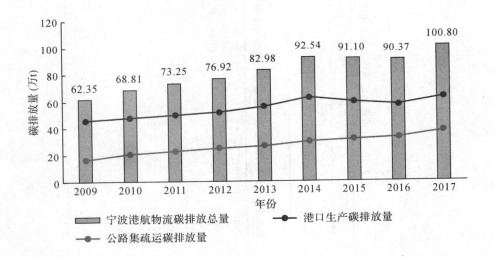

图 3.1　2009—2017 年宁波港航物流碳排放量变化趋势

　　由表 3.12 可以发现，宁波港口生产和集疏运系统碳排放占港航物流总排放量的百分比情况，港区生产的碳排放仍然是主要的污染源；同时也可以看到，近年来公路集疏运造成的污染越发严重。此外，由于目前宁波港集装箱过多地依赖于公路集疏运方式，集卡车对环境带来的问题不仅仅是碳的排放，还有对公路集疏运的堵塞,对城市的大气污染、噪声污染问题等。为此,要在降低港口生产作业碳排放量的同时,还要重点抓住公路集疏运的碳排放控制。

据本研究监测,宁波—舟山港自 2009 年起开始出现生态赤字,并逐年增大。2009 年,港航物流大气污染占宁波城市总排放量的约 2％,至 2016 年升高至 3％左右。自 2016 年起,宁波港通过高低压岸电、液化天然气集卡车等绿色技术推广,以及双重甩挂运输、海铁联运等绿色物流方式的推行,生态赤字有所回落,但形势仍不容乐观。

按照 2009 年《宁波—舟山港总体规划》规划,到 2020 年宁波港集装箱吞吐量将达 3000 万 TEU,如果不采取有效措施加以控制,港航物流大气污染物排放量对城市环境和居民生活将造成严重的影响,港航物流将成为宁波低碳经济发展的沉重负担,港航物流带来的环境污染将成为公众关注的焦点问题,这将进一步引发港口与城市之间以及宁波各县区之间协调发展的系列矛盾。

在此背景下,我们需要重新审视港口与城市经济的互动关系,尽管经济性指标能够直观地反映出港口推动城市发展的积极作用,但港航物流在发展过程中对城市环境造成的污染及由此引发的一系列社会问题也不容小视,这不仅给城市带来一定的负面影响,还在一定程度上制约着港口自身的发展。因此,降低污染排放,保持港口与城市环境的和谐发展,已成为新时代对港城互动提出的新要求。港航物流产业要特别注重生态环境保护和区域可持续发展,坚持科学发展观,建设循环港口城市,强调港城互动的社会指标,显得尤为重要。在生态经济视角下考察港航物流对城市环境的负面影响问题,有助于全面评价港航物流对经济增长、资源消耗、环境保护的综合效果,从而推动港口与城市的和谐、可持续发展。

3.3　港航物流对海洋生态环境的影响

3.3.1　浙江海洋生态环境现状

海洋生态环境是海洋所有生物赖以生存和发展的外部空间。两者息息相关,互相影响,生物的种类和数量发生变化,会打破海洋原有的动态平衡,海洋环境受到破坏势必威胁到海洋生物的生存和繁衍。当外界环境变化量超过海洋的自净能力,就会直接造成海洋环境的污染,进而造成海洋生态环境的破坏。

根据国家标准《海水水质标准》,按照海域的不同使用功能和保护目标,我们可以大致将海水水质分为以下五类:一类海水也被称为清洁海水,海洋渔业、珍稀濒危海洋生物保护区以及海上自然保护区附近的水质要严格符合一类水的标准;二类海水指的是较清洁海水,一般适用于水产养殖区,人体直接接触海水的海上娱乐区,以及可以将海水转化达到饮用水标准的工业用水区;三类海水适用于滨海风景旅游区、一般工业用水区,因而也被称为轻度污染海水;四类海水,又称中度污染海水,只能被港口、海洋开发作业区所使用;劣四类海水,就是通常意义上说的劣于国家海水水质标准中四类海水水质,即被严重污染的海水。

2013年,浙江省海洋环境状况[①]为:在所检测的57469平方公里近岸海域中,51.1%为劣四类海水,5.6%为四类海水,11.1%为三类海水,14.4%为二类海水,17.8%为一类海水。2017年,浙江省海洋环境状况[②]为:在所检测的57469平方公里近岸海域中,一、二类海水占32.1%,三类海水占16.8%,四

---

① 数据来自于浙江省环境保护厅发布的《2013年浙江省环境状况公报》。
② 数据来自于浙江省环境保护厅发布的《2017年浙江省环境状况公报》。

类和劣四类海水占 51.1%。浙江省近岸海域水质氮、磷元素超标,部分海域存在着石油类、重金属污染,近岸海域大多呈现中度富营养化状态,海水生态水质级别为极差。

2007—2017 年浙江近岸海域各类海水所占的比例及变化趋势如表 3.13 和图 3.2 所示。

表 3.13　2009—2017 年浙江省各类海水所占比例　　单位:%

类别	2007年	2008年	2009年	2010年	2011年	2012年	2013年	2014年	2015年	2016年	2017年
劣四类海水	42.7	24.7	35.9	52.8	42.8	53.0	51.1	54.8	54.8	51.1	51.1
四类海水	19.1	19.1	16.9	13.4	15.8	5.6	5.6	19.3	3.7		
三类海水	15.7	20.2	13.5	24.7	5.6	7.4	11.1	14.9	16.5	11.2	16.8
二类海水	18.0	22.5	15.7	9.0	21.5	16.2	14.4	5.3	19.7	37.7	32.1
一类海水	4.5	13.5	18.0	0.0	14.4	17.8	17.8	5.7	5.3		

数据来源:根据浙江省环境保护厅发布的 2007—2017 年"浙江省环境状况公报"整理。

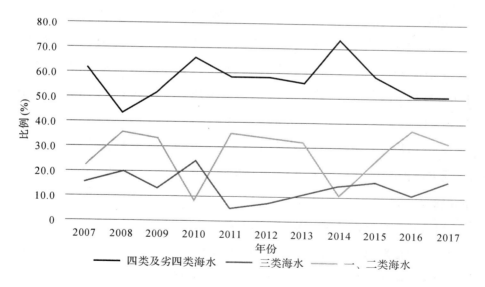

图 3.2　2007—2017 年浙江省各类海水所占比例变化趋势

数据来源:根据表 3.13 数据绘制。

表 3.13 和图 3.2 直观、清晰地反映了浙江省近岸海域各类水质的发展趋势。对比分析可见,浙江海洋环境状况总体稳定,在港航物流快速发展的十年中,浙江近岸海域水质未发生恶化的趋势,且四类和劣四类海水比例略有下降,印证了浙江海洋生态环境治理取得的成效。但总体来看,中度污染的海水仍超过五成,海洋环境治理的局面不容乐观。

具体到宁波港近海污染情况,2017 年宁波近岸海域富营养化程度总体较高,水质较差,所有海域海水均为劣四类水质,不能满足近岸海域水环境功能要求,主要污染指标为无机氮和活性磷酸盐。按照海域水质营养等级划分,杭州湾南岸二类区和镇海—北仑—大榭四类区为严重富营养,石浦港和峙头洋为重度富营养,其余海区均为中度富营养。可见,宁波港附近镇海—北仑—大榭海域污染最为严重。

3.3.2 港航物流发展对海洋生态环境的影响

港航物流的快速发展在很大程度上是通过船舶远洋航行来实现的,船舶的海上航行在港航物流中占了很大比重,因而港航物流与海洋联系十分紧密,两者相互影响,相互依存。港口或航道建设、船舶制造以及船舶航行都会对海洋生态环境造成影响。港航物流的近海污染还与港口所承担的运输业务有关。浙江省主要沿海港口承担的主要业务如表 3.14 所示。

浙江沿海主要遭受着溢油、海洋污损、赤潮以及生物入侵等海洋生态灾害,受灾面积广,直接经济损失重,海洋生态环境已经向我们敲响了警钟。具体表现为以下几个方面:

(1)污染海洋生态环境,影响海洋生物生存

为适应港航物流发展,方便船舶更快速地靠岸,我们不可避免地会采取填海造地等措施来建设码头,或者开凿出较为合适的航道等。在诸如此类的填海造地、开凿航道等项目进行的过程中,我们所用到的带有污染的填料,所采用的不合适的开凿方式都会严重破坏局部海域的生态功能、削减滨海湿地,重

要海湾萎缩,影响项目周围海域海洋生物的生存,很大程度上降低海岸防灾减灾能力。

表3.14　浙江省主要沿海港口承担的业务分布情况

沿海港口	直接经济腹地	主要运营货物
宁波舟山港	浙江省	煤炭及制品;矿建材料;金属矿石;水泥;化工原料及制品;石油、天然气及制品;钢铁;粮食等
温州港	温州、丽水、衢州、金华、台州	煤炭及制品;石油、天然气及制品;矿建材料等
台州港	台州	煤炭及制品;矿建材料;钢铁;水泥;机械、设备、电器等
嘉兴港	杭州、嘉兴、湖州	集装箱;煤炭及制品;石油、天然气及制品;矿建材料;化工原料及制品;粮食等

资料来源:浙江省统计年鉴。

此外,作为港航物流发展的重要支撑,也是港航物流最主要的交通工具——船舶。港航物流要想快速发展,必须配备足够的船只。随着政府对港航物流重视程度的提高,利于港航物流发展的优厚政策的颁发,临港船舶制造工业也得到了迅速发展。由于受到船舶制造工艺的限制,科学技术的束缚,船舶制造过程产生大量的船舶废油污水得不到有效的回收处理。没有处理过的造船污水直接被排放到海洋里将会严重污染附近水域的海洋生态环境,影响海洋生物的生存与繁衍。

(2)引入外来生物,破坏海洋生态平衡

浙江海域主要入侵生物为互花米草,入侵地集中在温州湾、乐清西门岛、苍南沿海、象山港、台州湾、三门湾和杭州湾南岸沿海滩涂。

不同海区间开通运河方便交通运输,这样也许就会通过船舶的压舱水或者开通运河、航道带来大量的外来海洋物种入侵。海上外来入侵物种因在引入地没有天敌,短时间内快速繁殖,造成航道堵塞,影响船只出港,同时威胁本地海岸生态系统,破坏近海生物栖息环境,影响滩涂养殖。外来海洋生物不仅会造成本地海洋生态环境污染,还会在一定程度上破坏本地海洋生态系统的动态平衡。如若在开通航道过程中引入病原微生物,更是会对人类生命健康造成一定威胁。

(3)引发赤潮,传播疾病,危害海洋生物生存

赤潮高发频发海域主要集中在舟山、台州列岛、南麂列岛,以及象山港附近海域。在船舶行进过程中,有的船舶工作人员可能会因为操作失误,不小心将滞留在船舱的货物、清理污染的航道产生的污泥、污水以及他们船上的生活垃圾,倾倒入海洋。这类的垃圾、污水中含有大量的磷酸盐和硝酸盐,当含有大量的磷酸盐和硝酸盐的陆上或船舶生活污染物进入海洋后,容易引起海水pH值、溶解氧、光合效率等理化条件发生异常变化,造成海水富营养化,致使海洋中藻类大量繁殖,形成赤潮。

海水分解污染物时会致使海水中的溶解氧急剧下降,诱发厌氧性藻类的繁殖,加大赤潮的面积。海水中的微生物氧化分解、降解污染物时会逐渐消耗掉海水中的氧,对海洋需氧型生物的生存产生一定的危害。长此以往,高级海洋生物濒临死亡,反倒是低级厌氧性微生物开始大量繁殖,一定程度上降低了海洋生物的多样性水平。同时,生活污水中可能含有大量细菌或病菌,诱发或传播一些疾病,通过生物链危害人类的健康。最终海洋生态平衡以及原有的生态系统结构与功能因为赤潮逐步崩溃。

(4)严重污染海洋环境,降低海洋生物的多样性

在浙江,经常受到油污染的海域主要集中在舟山、宁波一带。船员不慎将含有污油的机舱污水或是燃油排入海洋,又或是船舶因为发生碰撞、搁浅、触礁等海上事故,油舱破裂造成的燃油渗漏,这两种情况都将严重污染海洋环境。近年来随着海洋石油开发,促进港航物流的油轮运输迅速发展,每天负责在海上往来运输石油的油轮数不胜数。海洋中溢油事件虽为突发事件,但石油被称为海洋污染的超级杀手。一旦发生溢油事件,石油的入海量也是各种污染物中入海量较大的一种,石油污染成为一种持续的海洋污染现象。

当船舶油类污染物入海后,往往是以油膜的形式漂浮在海面上,削弱了浮游植物的光合作用,致使海水中、地球上氧气量下降,同时还阻挡了海水与外界的物质交换,阻碍了海洋生物的呼吸,威胁海洋生物的生存,致使海洋生物大量死亡,降低海洋生物的多样性。海洋中的大多数鱼类不懂得避开石油,吸食石油会导致体内器官衰竭最终死亡;当鸟类在石油污染海域捕食时羽毛沾到石油,就会使其羽毛丧失保温或飞行的能力,等待它们的只有死亡;海洋中的浮游生物、藻类、高等哺乳动物也都会因石油而无法生存。然而我们试图用各种化学物质来减轻石油污染的程度,殊不知这些化学物质还可能会给海洋带来第二次污染。

(5)带来噪声污染,影响海洋生物生存、繁殖

船上的柴油机、汽轮机、泵、锅炉、压缩机等机械设备长时间不间断地运转才能保证船舶沿着准确的方向长途航行。然而这些不断运转着的机械设备振动、撞击发出的响声,以及船舶航行过程中排开海水的阻力产生的巨大的水流声,此类高分贝、高频率的噪声对于海洋生物正常的生活是有影响的。船舶航行过程中所产生的噪声会引起海洋生物听觉的暂时性失聪,也干扰海洋生物捕食、种间交流等日常行为,一定程度上影响,影响海洋生物的生存与繁衍。

(6)致使海洋水质酸性加强,影响海洋生物的生存

众所周知,大多船舶航行时的动力来源于柴油燃烧。柴油是石油提炼后的一种液态油质燃料的产物,由不同的碳氢化合物混合组成。与汽油不同的是,柴油含更多的杂质,硫是其中之一。柴油燃烧会产生较多的二氧化碳、硫化物,产生大量烟尘。二氧化碳在造成空气污染的同时,也会溶解到海水中,导致海水酸性加强,长时间的累积甚至会改变海水的化学结构,使许多海洋生物赖以生存的环境受到损害,尤其危害贝类生物、藻类的生存。

综上所述,人们在开发利用海洋的过程中,一味追求更高的经济利益,没有考虑海洋环境的承受能力,致使海洋生态环境遭到污染。然而我们对海洋生态环境的治理和资金投入都跟不上港航的发展速度,环保和治污步调不协

调,导致海洋污染加重、生物种类减少、海岸生态系统退化等问题,海洋生态系统平衡遭到破坏。浙江省港航物流的发展导致海洋生态环境遭受破坏的主要污染源为船舶排放的生活污水、船舶航行途中运输或泄漏的石油以及携带的外来入侵物种。

第四章

研究方法的选择与改进

4.1 港口可持续背景下研究方法的选择

4.1.1 港口可持续发展的理论背景

可持续发展是 20 世纪 80 年代提出的一个新的发展观。1987 年,挪威首相布伦特兰夫人在她任主席的联合国世界环境与发展委员会的报告《我们共同的未来》中,把可持续发展定义为"既满足当代人的需要,又不对后代人满足其需要的能力构成危害的发展",这一定义得到广泛接受,并在 1992 年联合国环境与发展大会上取得共识。可持续发展的要求是:人与自然和谐相处,认识到对自然、社会和子孙后代的应负的责任,并有与之相应的道德水准。

港口可持续发展是可持续发展定义在港口发展问题上的应用和拓展。港口可持续发展即是指港口在生产建设过程中,在保证环境及自然资源不受破坏的前提下,不断提升港口的生产条件和技术能力,加强港口与其腹地联系及与周边港口的合作,在和谐健康的环境中完善港口的社会文化,实现港口经济的持续健康发展。在港口的建设发展过程中,我们不仅要能够满足港口当前发展的需要,又能够使港口未来的经济、社会、生态环境等持续、和谐、健康的发展。也就是说,港口在保持经济高速增长的同时,要充分考虑其对社会和生态环境的影响,在获得经济效益的同时,做好环境和生态的保护,从而达到经济效益和社会效益的协调发展。

可持续发展是港口保持竞争力的必然选择。世界现有的国际航运中心港口一方面制定可持续发展的产业政策,包括多元化的投资政策、完善的土地资源利用政策,通过政策引导来推进可持续发展;另一方面,致力于提高港口综合运输能力、服务水平和增值服务量,强化港口信息化建设,完善港口功能,使效益、安全、环保、市场竞争力等方面得到全面提高,并通过港口的发展带动周边地区的经济发展,形成相互促进、共同发展的互动格局。

4.1.2　可持续发展理论下的评价方法

可持续发展的评价方法有很多,大致分为三类:一是以货币为测度单位的环境经济系统的综合核算体系方法;二是以物质流作为测度单位的环境经济系统的物质流分析;三是以能量作为测度单位的生态经济系统的能量核算体系方法。

自 1992 年来,有关可持续发展的指标体系不断被提出,如联合国可持续发展委员会(UNCSD)的驱动—状态—相应(DSR)指标体系,联合国统计局(UNSTAT)的可持续发展指标体系框架(FISD),国际科学联合会环境问题科学委员会(SCOPE)的可持续发展指标体系,以及联合国开发计划署(UNDP)的人文发展指标(HDI)等。如今,使用指标来衡量和监测区域可持续发展已经被许多国家政府和组织所采用,以帮助各个层次的决策。

在不同的可持续性评价方法中,都涉及很多定量的评价指标。最为理想的评价指标应该能够表征经济发展、环境健康与社会公平三者之间平衡的重要性。可持续评价指标除涉及物理、生物、化学指标外,还包括环境压力、环境状态和社会反馈等多种指标。然而至今尚无统一的可持续发展评价指标体系。

4.1.3　本书研究方法的选择

近几年,为了评估某一区域的可持续发展能力,对可持续发展水平进行评估,许多学者对生态足迹的完善及在不同区域的应用做了大量研究。而基于能值理论的生态足迹法应用于一个城市或一个特定政治区域的研究较多,而应用于一个港口或物流区域的研究却并不多见。

因此,本书将采用基于能值理论基础上的生态足迹分析法,来研究一个港口区域——宁波港。一些学者认为结合能值理论方法与生态足迹方法可以改进或弥补生态足迹方法的不足。通过能值理论把各种资源、产品或劳务转化为形成所需的直接或间接应用的太阳能量,从而得到统一的单位——太阳能焦耳。采用一致的能值标准,使系统的能量流、物质流和货币流都具有可比性和可加性,从而可以架起定量分析自然和人类社会经济系统、资源与环境的真实价值以及它们之间关系的桥梁。

基于能值—生态足迹方法的技术路线如图 4.1 所示。

4.2　生态足迹法

生态足迹法是 20 世纪 90 年代加拿大生态经济学家提出来的。Wackernagel 将生态足迹形象地比喻为"一只承载着人类与人类所创造的城市、工厂……的巨脚,踏在地球上留下的脚印"。任何已知人口(个人、城市、国家、社区)的生态足迹是生产相应人口所消费的所有资源和消纳所产生的废物所需要的生态生产性土地面积(包括陆域和水域)。

生态足迹法是一种衡量人类对自然资源利用程度以及自然界为人类提供的生命支持服务功能的生态理论及计算方法。其基本思想是将人类消费需要的自然资产的"利息"(生态足迹)与自然资产产生的"利息"(生态承载力)转化为可以共同比较的土地面积,二者的比较用来判断人类对自然资产的过度利用情况。其中,生态足迹的计算是基于两个简单的事实:一是我们可以保留大部分消费的资源以及大部分产生的废弃物;二是这些资源以及废弃物大部分都可以转换成可提供这些功能的生物生产性土地。

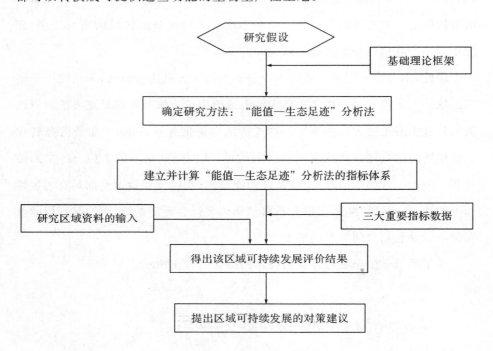

图 4.1 基于能值—生态足迹法的技术路线

4.2.1 关键概念

(1)生态生产性土地

生态生产性土地是生态足迹分析法为各类自然资本提供的统一度量基础。生态足迹法将各个区域所消耗的资源转化成生态生产性土地分成了六大类,即牧草地、可耕地、化石能源地、建成地、森林和水域。化石能源地是人类为了资源的再生,预留出来的一部分土地,即为了使留出来的这块土地可以维系自然资源总量,我们理应保留部分的土地来弥补因为用于化石等能源方面的消耗而失去的自然资源量;可耕地是所有生态生产性土地中生产力最大的一类,它所能集聚的生物量是最多的;牧草地是适用于发展畜牧业的土地;森林是指可产出木材产品的人造林或天然林;建成地包括各类人居设施及道路所占用的土地;水域包括淡水(河流、淡水湖泊等)和非淡水(海洋、盐水湖泊等)两种。

（2）生态足迹

生态足迹就是能够持续地提供资源或消纳废物的、具有生物生产力的地域空间(Biologically Productive Areas),其含义就是要维持一个人、地区、国家的生存所需要的或者指能够容纳人类所排放的废物的、具有生物生产力的地域面积。

（3）生态承载力

生态承载力的概念最早来自于生态学。1921 年,Park 和 Burgess 在人类生态学领域中首次应用了生态承载力的概念,即在某一特定环境条件下(主要指生存空间、营养物质、阳光等生态因子的组合),某种个体存在数量的最高极限。

传统研究中所采用的生态承载力是在不损害区域供给的生产力为保证的情况下,该区域用其目前所能够提供的资源容纳的最多人口数。早期的生态容量是以人口计量为表征的,然而,在现实世界中,随着不同国家之间的贸易、产业革命及技术革新、不同地区不同的进出口差异等因素,不断去挑战传统的生态容量的概念。人们逐渐地意识到虽然人口本身的规模大小会对环境的可持续性产生一定的影响,但对于环境的影响更取决于其影响的效果及环境自身的承载力。以生态足迹来界定生态容量的定义是:"在不去破坏相关生态系统和保证生态系统功能完好无损的前提下,一个区域所能包含的生态生产性土地的总面积",即为该区域的生态承载力的界定。因此,对于生态承载力的概念应该定义为是一个区域在其自身所处的自然条件、经济技术水平、社会情况等条件之下,该区域所能保证支撑的生态生产性土地的极大值。

(4)生态赤字和生态盈余

一个国家的生态容量是一定的,将该地区或国家所消耗的能源、废弃物等污染物所产生的生态足迹与其自身的生态容量相比,即会产生生态赤字和生态盈余。生态赤字即说明一个区域的生态容量难以承载该区域所产生的消耗,若要维系原有消费生活水平,则需要加倍消耗能源资源来补充其循环供给的不足,或者通过从别的区域索取来弥补其自身能源的不足,以维系生态平衡。这两种情况都说明地区发展模式处于相对不可持续状态,其不可持续的程度高低用生态赤字来衡量。

相反,生态盈余则说明一个区域的生态容量足以负担起该区域所产生的能源消耗,该区域所产生的能源在满足原有的消费生活水平后还有盈余量。因此,该区域的资源总量会逐步得到增加,其区域的生态承载会进一步加大。从长远看,该区域具有可持续性发展的趋势,其可持续性发展程度用生态盈余来衡量。

总之,区域生态足迹如果超过了区域所能提供的生态承载力,就出现生态赤字;如果小于区域的生态承载力,则表现为生态盈余。而通过计算区域生态足迹总供给与总需求之间的差值——生态赤字或生态盈余,能够准确地反映不同区域对于全球生态环境现状的贡献。

4.2.2 生态足迹法一般计算步骤

(1)追踪资源消耗和污染消纳

人类活动所引起的消费和污染消纳被分门别类地归结为各种资源的消耗。然后,将资源消耗量按照区域的生态生产能力分别折算成具有生态生产力的化石能源地、可耕地、牧草地、森林、建成地和水域六类生态生产性土地的面积 A_i,计算方法见式 4.1。

$$A_i = \sum_{i=1}^{n} \frac{C_i}{EP_i} \qquad (4.1)$$

式中：A_i 代表生态性土地的面积，通常以公顷（hm^2）计量，其中 $i = 0, 1, 2, 3,$

4，5，分别代表化石能源地、可耕地、牧草地、森林、水域、建成地；

C_i 代表资源消费量；

EP_i 代表单位生态生产力。

（2）产量调整

由于同类生态生产性土地的生产力在不同国家和地区之间是普遍具有一定差异的，所以不同国家和地区之间不能抛开这些差异，来直接比较各自实际的生态生产性土地面积，在进行比较前应该采取一些措施做出相应的调整，即用一个产量调整因子来乘以该地区的生态生产性土地面积，记产量调整因子为 yF_i。产量调整因子的有效性在于，它将所有需要计算的国家或地区的单位面积生态生产力去比全球的平均生态生产力，从而得出因子参数，这样就可以将不同国家或地区之间相同的生态生产性土地变为可进行比较的面积。如果产量调整因子小于 1，就表明这个国家或地区具有低于全球平均水平的服务吸收能力或者单位生态生产力；如果这个产量调整因子大于 1，就表明这个国家或地区拥有高于全球平均水平的废物吸收能力或者单位生态生产力。这个被调整过的面积即为"产量调整面积"，见式 4.2。

$$A_i = \sum_{i=1}^{n} \frac{C_i \cdot yF_i}{EP_i} \qquad (4.2)$$

式中：A_i 代表生态性土地的面积，通常以公顷（hm^2）计量，其中 $i = 0, 1, 2, 3,$

4，5，分别代表化石能源地、可耕地、牧草地、森林、水域、建成地；

C_i 代表资源消费量；

EP_i 代表单位生态生产力；

yF_i 代表产量调整因子。

（3）等量化处理

化石能源地、可耕地、牧草地、森林、建成地和水域等这六类不同的生态生产性土地各自的生态生产力也存在着差异，由此必须将各类不同的土地按其面积乘以相应的等价因子 ef_i，然后才能够将各自的土地面积按各自的类型转换成统一的可相加的区域生态足迹和生态生产力。该等价因子是一个固定值，是基于不同的土地类型各自所不同的生物生产量相对比得出的。该公式可记为：某类生态生产性土地等价因子＝全球该类生态生产性土地平均生态生产力/全球所有各类生态生产性土地平均生态生产力。关于等价因子，世界自然基金会（World Wide Fund for Nature or World Wildlife Fund，WWF）1996 年提出：森林和化石能源用地为 1.8，耕地和建筑用地为 3.2，牧草地为 0.4，水域为 0.1；并在 2010 年更新为森林和化石能源地为 1.26，耕地和建筑用地为 2.51，牧草地为 0.46，水域为 0.37。

综上，计算生态足迹的一般步骤为：

首先，计算六类不同生态生产性土地的区域生态足迹占用面积（单位为公顷，hm^2），用该区域的资源消费量除以区域的单产量，区域资源消费量即为该区域人口所产生的消费及产生的污染物消纳等能源资源消费。

其次，由于不同地区的生态生产力是存在差异的，所以这里需要乘以一个产量调整因子 yF_i，才能得出各类土地的全球生态足迹占用面积。

最后，得出上一步的生态足迹占用面积之后，根据不同土地类型的不同生物生产力，再乘以各自土地类型的等价因子 ef_i，就可以统一标准，将计算后的结果汇总，从而得到该地区的区域生态足迹的值（单位：全球标准为公顷，hm^2）。

4.2.3 生态承载力的计算

化石能源地可耕地、牧草地、森林、建成地和水域的生态承载力以土地一年内所有产品的产出为基础计算，其计算公式见 4.3。

$$EC = N \times ec = N(\sum a_i ef_i yF_i) \qquad (4.3)$$

式中:EC 为区域总人口的生态承载力,即总的生态足迹供给能力,单位一般

为平方米(m^2)。其中 $i = 0,1,2,3,4,5$,分别代表化石能源地、可耕地、

牧草地、森林、水域、建成地;

N 为总的人口数;

ec 为人均生态足迹供给,单位:m^2/人;

a_i 为 i 类型的生物生产性土地人均拥有的面积;

ef_i 为等价因子;

yF_i 为产量调整因子。

4.3 基于能值理论的生态足迹法改进

4.3.1 能值分析理论

能值分析(Emergy Analysis)是 20 世纪 80 年代后期由美国著名生态学家 H. T. Odum 在系统生态、能量生态、生态经济理论基础上创立的生态—经济系统研究方法。它是建立在系统生态、能量生态基础之上的一种开放性的系统理论,它把各种资源、产品或劳务转化为形成所需的直接或间接应用的太阳能量,从而得到统一的单位——太阳能焦耳(solar energy joules,sej)。因为人类的所有活动及所需资源都直接或间接地应用太阳能量,所以可以按照一个统一的标准,来衡量不同系统间的货币流、物质流和能量流,使得它们具有可加性、可比性,从而构建起定量分析自然与人类社会经济系统、资源与环境的真实价值以及它们之间的关系的桥梁。

能值分析的相关基本概念与原理如下:

（1）能值（Emergy）

H. T. Odum 将能值定义为：流动或储存的能量所包含另一种类别能量的数量，称为该能量的能值。或者说，产品或劳务形成过程直接或间接投入应用的一种有效能总量，就是其所具有的能值。[①]

（2）太阳能值（Solar Emergy）

太阳能值即任何流动或储存的能量所包含的太阳能之量。太阳能、地热能、潮汐能等都是地球的主要能量来源，但就生态和经济过程而言，太阳能的贡献远远大于其他能量来源。因此，生态系统或生态经济系统中全部资源、产品、服务中所流动或储存的能量都可以通过太阳能进行表达，即通过统一的单位——太阳能焦耳（sej）表达。

（3）能值转化率（Transformity）

能值转化率是指每单位的某类能量或物质所含太阳能焦耳的数量，单位为 sej/J 或 sej/g，可用于区分能量等级系统中不同类别能量的能质。能值转换率随着能量等级的提高而增加。

（4）能值分析（Emergy Analysis）

能值分析是以能值为基准，把生态系统中不同种类、不可比较的能量转换成同一标准的能值来衡量和分析，进而对各种生态流，如能物流、货币流、人口流和信息流等综合分析，通过构建能值指标评价自然生态系统、以人类为主导的生态系统以及人工生态系统中自然环境、经济效益的可持续性。

4.3.2　能值—生态足迹法

能值—生态足迹法是在生态足迹法的基础上进行改进优化而来。它是同时建立在能值理论和生态足迹方法上的。能值生态足迹可以弥补传统生态足

---

① 1987 年，H. T. Odum 在获得瑞典皇家科学院克莱福奖（Crafoord Prize）的演讲中首次阐述了能值理论。

迹的不足,将区域置于一个较为开放的系统之中。

生态足迹法自提出以来得到了相当广泛的运用,但其方法的缺陷也随之暴露出来,譬如自上而下地收集现有的经济统计数据,难以预测未来的可持续趋势,不足以检测变化的过程,同时试图将人类的各种资源消费和污染消纳归于六类土地中,等等,故传统的生态足迹只能够测算一个固定范围区域空间的生物生产性土地承载力,是一种典型的自给自足的经济哲学基础。而开放性及不同系统直接的能量物质交换则是普遍存在的。

能值—生态足迹方法与传统的生态足迹方法不同点在于它开始于系统的能量流。这些能量需求被转化为相应的生物生产面积,计算通过能值密度实现,使得其计算和概念更易于理解。而传统的生态足迹开始于物质流,然后折算成相应的生物生产面积。这些面积由均衡因子和产量因子加权成生态足迹和生态承载力。均衡因子表明了某种土地利用类型在特定生态系统中的生产能力。而在能值—生态足迹法中,由于折算成具有等质的能值,均衡因子和产量因子均不需要。

4.3.3 能值—生态足迹法的计算步骤

能值—生态足迹法一般按照下面几个步骤进行计算:

(1)计算能值—生态承载力(Emergy-based Ecological Carrying capacity,EEC)

在计算时,需要对生态承载力的概念进行进一步界定,所有区域内的自然资源都可以分为不可更新的自然资源和可更新的自然资源。虽然地球可以对所有的能源资源进行更新,但部分资源需要经历相当漫长且极其复杂的化学过程才能更新,因此与目前的利用速度相比,其更新速率极其缓慢,几乎不可能更新,因此就带来了不可更新资源的枯竭。因此,只能对可更新的自然资源进行不断利用,而不对不可更新的资源进行消耗,生态承载力才能够持续下去。因此,在计算区域的生态承载力时主要考虑区域可更新的自然资源。将区域可更新自然资源的能值和除以区域能值密度,可得到体现区域能值特点的承载力面积。

$$EEC = \frac{e}{D} \tag{4.4}$$

式中:EEC 表示区域年能值—生态承载力;

e 为区域可更新自然资源能值;

D 表示区域能值密度,为区域太阳辐射能、吸收的潮汐能及进入地球生物圈热量的能值总和与区域面积之比。

(2)计算能值—生态足迹(Energy-based Ecological Footprint,EEF)

能值—生态足迹为区域年消费项目能值与区域能值密度之比。消费项目主要分为生物资源和能源资源两大类:生物资源包括农产品、畜牧产品、林产品、水资源等,能源资源包括化石燃料及电力。

因此,在能值—生态足迹计算公式中,港口的能耗情况,即港口的生产综合能源单耗,视为该区域的消费项目。而港口完成单位吞吐量所消耗的生产综合能源量即为该区域的能源消费。计算公式为:能源消费量乘以对应的能值转换率得到该资源消费量能值,然后除以区域能值密度,得到区域年能值—生态足迹。

$$EEF = \frac{Pd \cdot Tr}{D} \tag{4.5}$$

式中:EEF 表示区域年能值—生态足迹;

Pd 为区域的能源消费量;

Tr 为区域消费项目对应的太阳能值转换率;

D 表示区域能值密度。

(3)计算可持续性评价指数(Sustainability Evaluation Index,SEI)

对于传统的生态足迹模型,生态赤字或生态盈余均可以直接表明区域发展对自然生态环境的消耗和依赖情况,但并不能有效地展现对自然能源的消耗程度,更不利于不同地区之间的对比。因此,本章用能值—生态足迹作为可持续性评价的指示剂,基于能值—生态足迹模型的可持续性评价指数表示如式 4.6。

$$SEI = \frac{EEF}{EEF + EEC} \qquad (4.6)$$

计算得出的 SEI 的取值介于 0 到 1 之间,当所得值越小时,可持续性的程度越高。当 SEI 接近 0 时,表明生态足迹对生态承载力的影响接近于 0,即可不计入,说明该地区仍有很大的生态空间供发展;SEI 等于 0.5 时,表明生态足迹与生态承载力二者旗鼓相当,即该地区的发展处在可持续性发展与不可持续发展的边缘;当 SEI 接近 1 时,表明该地区的生态承载力小于生态足迹,则该地区的生态承载力已经不能满足其生态足迹的进一步发展,该地区的发展已经不可持续,前景堪忧。按照 SEI 远离 0.5 程度的不同,就能够看出该地区的可持续性发展或者不可持续性发展程度的不同。一般来说,一个地区社会经济的发展一定会带来该区域生态足迹的增加。因此,对可持续性指数安全区间的区分,一方面可以体现出该地区经济的发展情况,另一方面还能够反映出该地区经济发展是否在该地区的生态可承受范围之内。

综上所述,生态足迹方法虽然可以用来衡量一个地区的可持续性发展问题,但其方法本身有很多缺陷和不足。为此,一些学者开始提出能值—生态足迹法,将能值理论与生态足迹方法结合起来,通过太阳能值转换率的概念,对于传统的不同的生态足迹,统一将其换算为以能值为单位的数值,有效地弥补了生态足迹方法的不足,使得计算结果更加符合自然生态系统的实际情况。能值—生态足迹法在计算区域能值密度的基础上,接着计算能值生态承载力和能值生态足迹,通过可持续发展指标 SEI 对区域的可持续发展程度进行衡量。对港航物流的分析不仅仅包括一个封闭的港口部分,还包括港口附带的集疏运系统,作为一个开放性的系统来进行研究分析。自然界的生态系统具有开放性,每个区域的生态系统普遍存在与外界资源能量的交换,能值—生态足迹采用统一的能值标准,使系统的能量流、物质流和货币流都具有可比性和可加性,因而这种方法能够很好地运用于港航物流这一较为开放的系统之中。

第五章

宁波港航物流生态治理实证分析

宁波作为中国东南沿海重要的港口城市、长江三角洲南翼经济中心、现代物流中心和交通枢纽，其发展与港口物流业密切相关。港口规模的不断扩大以及持续上涨的吞吐量，带动了宁波经济的快速增长。但与此同时，港口物流也给宁波的生态环境带来了不小的压力及负面影响。本章基于生态经济的视角，通过计算宁波港的能值—生态足迹和生态承载力，研究评价宁波港航物流生态现状。

5.1 宁波港自然生态与港航物流发展概况

5.1.1 宁波港自然生态条件

由能值—生态足迹理论可知，对一个区域的能值生态足迹和区域能值密度测算需要考虑到各种能量的转换情况以及区域的面积等自然因素，包括对太阳能、风能、潮汐、降水等情况的考虑。为此，需要全面了解宁波港的自然生态条件。

（1）地理位置

宁波港位于我国大陆海岸线的中部区域，南北和长江"T"形结构的交汇点上，地理位置适中，是我国十分著名的深水良港。宁波港自然条件得天独厚,内外辐射便捷。港口北面是舟山群岛,几十万吨的巨轮可以在此自由运行,有效保障了我国大型货轮运送功能的发挥。宁波港向外直接面向东亚及整个环太平洋地区,海上至香港、高雄、釜山、大阪、神户均在 1000 海里之内;向内不仅可连接沿海各港口,而且通过江海联运,可沟通长江、京杭大运河,直接覆盖整个华东地区及经济发达的长江流域。宁波港是中国沿海向北美洲、大洋洲和南美洲等地区港口远洋运输辐射的理想集散地。

(2)气象条件

气候:四季分明,冬、夏季长达 4 个月,春、秋季仅约 2 个月。

风况:常风向西北,频率 13.4%;次常风向东北,频率 11.0%;冬季常风向西北,夏季常风向东南;强风向东北,最大风速分别为 38 米/秒和 37 米/秒。多年平均不小于 6 级风天数 32 天,不小于 7 级风天数 15 天,不小于 8 级风天数 6 天。

降水:降雨量较为丰富,每年的平均降雨天数 158 天。每年 5—6 月为梅雨季节,7—10 月有台风带来的暴雨,9 月份雨量占全年的 25%,冬季降雨量较少。多年平均降水量 1411 毫米,月最大降水量 243 毫米,日最大降水量 145 毫米,多年平均降水量≥25 毫米的降水天数为 11 天。

气温:多年平均气温 16.3℃,极端最高气温 39.4℃,极端最低气温 −10℃,最高月平均气温 28.1℃(7 月),最低月平均气温 4.3℃(1 月)。

冰况:宁波港常年水域不结冰,终年通航。

(3)水文条件

潮汐:属不规则半日潮。年平均最高和最低潮位分别为:宁波港区 3.1 米和 1.43 米,镇海港区 2.19 米和 1.16 米,北仑港区 2.9 米和 1.12 米。年平均潮差分别为:宁波港区 1.74 米,镇海港区 1.71 米,北仑港区 1.82 米。

潮流:甬江潮流顺河道而流,流速一般大潮涨、落流为 1~2 节,如遇甬江上游排洪时,落潮流最大可达 2.5 节。大风时,潮位和流速都会受到一定影响。北仑港区潮流多为往复流,已建 20 万吨级矿石码头设计流速为:涨潮

1.50 米/秒,流向 298 度;落潮 2.0 米/秒,流向 114 度。

波浪:宁波港区、镇海港区均系内江,无浪。北仑港区四周有舟山群岛环抱为天然屏障,波浪较小,无需建防波堤。

5.1.2　宁波港航物流发展现状

宁波港是我国主要的集装箱、矿石、原油、液体化工中转储存基地,华东地区主要的煤炭、粮食等散杂货中转和储存基地,也是世界重要港口。在浙江省提出打造"三位一体"的港航物流服务体系的大背景下,宁波港作为浙江省港口中的龙头,抓住这一战略机遇,加快港航物流系统的建设发展。港口不是一个孤立的存在,宁波港航物流是一个开放的物流系统,其包含的不仅仅是宁波港区的范畴,更重要的是其集疏运系统带动着整个港口腹地的发展,交通道路上的集卡车物流运输与宁波港区作业是密不可分的整体。为此,本章的研究不单单放在宁波港区范围内,还通过对宁波港的集疏运系统的研究分析来兼顾整个浙江省域的范畴。

(1)宁波港港区分布

宁波港由北仑港区、镇海港区、大榭港区、穿山港区和宁波老港区组成,港区范围包括宁波市的灵桥、新江桥以下的甬江、蟹浦山与金塘岛西北端的太平山灯塔连线以南,金塘岛东南端的宫山与大榭岛北端的涂泥嘴灯桩连线以西。宁波港整体的港区陆域面积为 958hm²,海域面积为 25800hm²,共计 26758hm²。从其港区的组成部分可以看出,它是一个集内河港、河口港和海港为一体的多方位综合性港口。由于港口的重要地理位置,我国大型集装箱、矿石和石油有相当比例经过该港口进行运输;同时,宁波港也担负着华东地区的煤炭和粮食等重要物品的仓储和中转任务。

在宁波港的海岸线上,截至 2017 年底,宁波港域拥有港口泊位 331 个,其中万吨级及以上的 106 个①,其中有 10 万吨级、20 万吨级进口矿石中转泊位、25 万吨级原油泊位,5 万吨级国际集装箱泊位、煤炭泊位及通用泊位,5 万吨级的液体化工专用泊位等。截至 2018 年底,宁波港已经与其他上百个国家和地区的 500 多座港口建立了自由贸易往来。世界上排名前二十的航运公司都在宁波港停靠,同时为了加强港口的综合作业能力,建成了覆盖全世界的各类航线共 246 条,其中干线 120 条,占总航线近 50%。每月都可以完成相关作业上千班。②

(2)宁波港集疏运系统

目前,宁波港集疏运系统主要包含公路、铁路、水运、管道等运输方式,以港口为中心,以"一环六射"高速公路网为骨架,铁、公、水、空四路并进的海陆空立体型港口对外集疏运交通网络初步形成。公路包括上海—杭州—宁波北仑高速公路、杭州—南京高速公路、宁波—台州—温州高速公路、宁波—金华高速公路等;杭州湾跨海大桥使宁波至上海的车程时间缩短为 2 小时。铁路方面,港区铁路直达码头前沿,经萧甬复线与全国铁路网相联;北仑港区铁路集装箱站已正式开办海铁集装箱联运业务。内陆省市通过铁路到宁波港进行转口贸易十分便捷。航空方面,宁波栎社国际二级机场,已开通宁波至香港的定期航线。此外,水水中转向内河连接沿海各港口,通过江海联运,货物可直达武汉、重庆,并沟通长江、京杭大运河,直接覆盖整个华东及经济发达的长江流域。宁波是国内最早提出"大通关"理念的城市,"大通关"实施后,宁波口岸效率始终保持着全国领先地位。

但是,宁波港集疏运系统发展也存在着一些不足之处。现有的集疏运系统已经不能很好地适应港口快速发展的要求,主要有以下几个方面的问题:一是城市总体规划等相关规划落后,部分路段的交通堵塞严重,集装箱堆场等缺

---

① 数据来源:宁波市统计局。

② 数据来源:宁波舟山港。

乏整体规划,分布密集且无序,货车停运场建设布局有些混乱。二是内河水运和铁路没有得到充分发挥。三是集疏运资源利用效率有待提高,缺乏一个高效的公共信息化平台。集卡车尾气碳排放量相当大,如果没有很好的治理措施,低碳目标很难实现。

（3）宁波港吞吐能力

宁波港吞吐量自改革开放以来获得了飞速发展,特别是进入21世纪,在2008年首次超越上海港,成为国内货物吞吐量第一大港（含舟山港）并在之后稳居第一位。2018年,宁波舟山港货物吞吐量10.8亿吨,比上年增长7.4%,连续10年位居世界第一。其中,宁波港域完成吞吐量5.8亿吨,增长4.5%。港口应对恶劣气候的能力明显增强,港区的作业效率及服务质量均进一步提升,船时效率保持着国际先进水平。2018年,宁波舟山港集装箱吞吐量2635.1万TEU,增长7.1%,超越了深圳港,跃居全球第三大集装箱港,其中宁波港域完成集装箱吞吐量2509.5万TEU,增长6.5%。2018年末,宁波舟山港集装箱航线总数达246条,其中远洋干线120条,近洋支线74条,内支线20条,内贸线32条。①

随着浙江海洋港口步入"后一体化"时代,宁波舟山港带动浙北的嘉兴港、浙南的温州港和台州港、浙中的义乌港以及省内各内河港口,加快推进支线中转、海河联运等业务。全年完成海铁联运60.2万TEU,增长50.2%,增速居全国首位。2018年度,宁波舟山港开通了9条海铁联运线路,并增加了现有班列开行频率,箱源腹地持续向内陆延伸。截至2018年底,宁波舟山港月集装箱箱量超过5000TEU的海铁联运线路达7条。其中,义乌班列已成为全国运量最大的海铁联运班列。②

目前,宁波舟山港正积极对接"一带一路"倡仪和长江经济带等国家布局,

---

① 数据来源:宁波市统计局,《2018年宁波市国民经济和社会发展统计公报》,http://tjj.ning-bo.gov.cn/art/2019/2/2/art_18617_3583429.html,2019.02.02.

② 数据来自于宁波舟山港对外公布的官方数据。

整合港口物流资源,建设"无水港",开发海铁联运业务,加强在铁路沿线布点,进一步完善货源腹地揽货网络,深化与航运联盟的合作,更加合理地布局航线,充分发挥区域优势,构建新的东盟、南亚等经济板块"21世纪海上丝绸之路"新航线,进一步打造宁波舟山港国际强港的位置。

表5.1和图5.1、图5.2反映了2009—2017年宁波港港口货物吞吐量和集装箱吞吐量情况。

表 5.1　2009—2017 年宁波港域货物吞吐量和集装箱吞吐量情况

年份	2009	2010	2011	2012	2013	2014	2015	2016	2017
货物吞吐量（t）	38385	41217	43339	45303	49592	52646	51004	49619	55151
集装箱吞吐量（万 TEU）	1042.3	1300.4	1451.0	1567.0	1677.4	1870.0	1982.4	2069.3	2356.6

数据来源:《宁波市统计年鉴》。

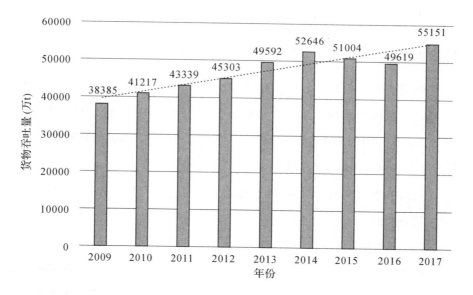

图 5.1　2009—2017 年宁波港域货物吞吐量情况

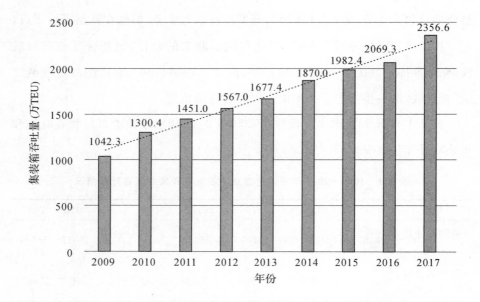

图 5.2 2009—2017 年宁波港域集装箱吞吐量情况

5.1.3 宁波港航物流生态现状及问题

2007 年,浙江省委提出实施"港航强省"战略,之后从 2008 年起,宁波港集装箱吞吐量进入全球十强,并于 2010 年跃升至全球第六位。2014 年,宁波港以 1870 万 TEU,首次超过连续 11 年排名全球集装箱港口第五位的釜山港,跃居全球第五大集装箱港口。

在快速发展的同时,宁波市政府也意识到打造生态宁波港,实现港口的可持续发展,建设绿色港口的重要性。2013 年,宁波市委十二届五次全会做出了《关于加快发展生态文明努力建设美丽宁波的决定》,提出要把改善生态环境作为最大实事,举全市之力加快建设美丽宁波。宁波作为自然资源相对紧缺的沿海港口城市,应坚定不移地实施可持续发展战略,扎实推进生态型港口城市建设,努力成为美丽中国的先行区。

然而,宁波港目前在生态治理方面仍然存在着一些问题,如集卡车的能耗问题、港区作业的能耗问题、油改气发展清洁能源问题、集疏运方式优化问题等等,关于这些问题以往研究主要停留在定性分析层面。"十二五"期间,宁波开展液化天然气(Liquefied Natural Gas,LNG)集装箱专用牵引车在宁波港的应用研究,建成省内第一个 LNG 加气站,LNG 集卡车投入运行。据测算,每辆 LNG 集卡车与传统的柴油集卡车相比,节约成本 20％,减少二氧化碳排放 30％。全市在跑的集卡车如采用 LNG 清洁能源技术,总体节能效果将提高 15％。

新时代,在浙江省"三位一体"及打造"一带一路"枢纽的大环境下,宁波港需要不断转型发展、创新发展,不断输出绿色高标准。本章从生态可持续发展及生态循环的角度切入,运用能值—生态足迹法,实证研究宁波港航物流生态治理问题,通过定量测算,分析宁波港是否存在生态赤字,生态赤字的严重程度如何,并从研究的过程中找出生态问题的症结,以便提出生态治理对策,实现港航物流全面、协调和可持续发展。

5.2　研究范畴与数据来源

5.2.1　研究范畴的界定

随着宁波港的飞速发展,对港口建设的不断增加以及港口吞吐量的增长,不可避免地带来了一些环境问题,给区域的环境质量带来了一定的负面影响。例如,货物的装卸搬运带来的粉尘污染及废水废气的排放问题日益凸显。宁波港出台了一系列措施对此进行改善,如配置洒水车对粉尘污染进行治理,设置污水处理厂及固体废弃物处理站等。这些生态污染方面的问题不在本章的讨论范围之内,本章研究的是宁波港口及其集疏运生态系统中,在正常的港口作业和集卡作业能源消耗情况下,随着宁波港港口吞吐量的不断增加,其生态是否平衡,用能值—生态足迹理论来衡量宁波港的生态能值足迹是否已经超过能值生态承载力,港口及其集疏运消耗的能源是否能够由宁波港承载决定了宁波港这一生态系统是否存在生态赤字。而对宁波港航物流这样的开放系统,包含着港区物流及集疏运系统物流两部分,对生态足迹的测算,需对港口作业部分生态足迹和集疏运系统生态足迹进行分别测算。

5.2.2 数据来源

本章数据主要来自宁波市 2009—2018 年公布的统计年鉴,以及宁波市人民政府宁波市气象局、宁波市环保局、宁波市交通委、宁波港集团等对外公布的数据和报告;部分数据来自学术论文。此外,还通过对宁波港的实地调研获取了大量一手资料。

5.3 宁波港区域能值及能值密度测算

5.3.1 几种主要能值的计算

宁波港区的范围包括陆域面积 958hm^2 和海域面积 25800hm^2,共计 26758hm^2。将宁波港视为一个生态区域来进行计算,根据能值理论,风能、雨水势能、雨水化学能和地球旋转能属于同一类能源的不同转换形式,只取其中的最大值,所以可更新资源能值总和等于前五者中的最大值与潮汐能的总和,同时对于这些能量需要统一转化为太阳能值。H. T. Odum(1988)从地球作用的角度,换算出自然界和人类社会中主要能量类型的太阳能值转化率,如表 5.2 所示。

表 5.2　几种主要能量类型的太阳能值转换率

能量类型	太阳能值转换率(sej/J)
太阳辐射能	1
风能	623
雨水势能	8888
雨水化学能	157423
地球旋转能	34377
潮汐能	30550

下面计算宁波港区域的太阳辐射能、风能、雨水势能、雨水化学能、地球旋转能和潮汐能。

（1）太阳辐射能

太阳辐射能＝（土地面积）×（太阳光平均辐射量），计算太阳光平均辐射量需要用到太阳常数的概念。太阳常数是指在太阳地球间平均距离外,在地球大气层以上垂直于太阳光线的平面上,单位面积、单位时间内的太阳辐射能的数值。该数值是个常数,一般每小时的太阳常数取 4920000 焦耳/米^2（J/m^2）,再结合土地面积计算。宁波市 2009—2017 年的每年日照时间（单位:小时）如表 5.3 所示。

（2）风能

风能是地球表面大量空气流动所产生的动能。风能资源决定于风能密度和可利用的风能年累积小时数。风能密度是单位迎风面积可获得的风的功率,与风速的三次方和空气密度成正比关系。

风能＝（高度）×（密度）×（涡流扩散系数）×（风速梯度）×（面积）。宁波港口区域的海拔取平均值 2.5m,空气密度为 1.23kg/m^3,每年平均的涡流扩散系数为 5.0m^2/s,风速梯度为 3.15E＋7 秒/年（s/a）,面积为港区的海陆域面积 26758hm^2。由此计算出宁波市近几年的风能能值约为1.30E＋17,由表 5.2 可知风能的转换率为 623,故转换成太阳能值为 8.08E＋19 焦耳/年（J/a）。

（3）雨水势能

雨水势能＝（面积）×（平均海拔高度）×（平均降雨量）×（密度）×（重力加速度），其中面积为宁波港区海陆域面积 26758hm²，平均海拔高度取 2.5m，平均降雨量见表 5.4，将单位统一换算成米（m），密度为 $1×10^3$ kg/m³，重力加速度为 9.8m/s²。

由此可计算出 2009—2017 年宁波市的雨水势能，又由表 5.2 可知，其太阳能值转换率为 8888，故雨水势能能值如表 5.5 所示。

（4）雨水化学能

雨水化学能＝（面积）×（平均降水量）×（吉布斯自由能），其中面积为宁波港区海陆域面积 26758hm²，平均降雨量见表 5.4，将单位统一换算成米（m），吉布斯自由能为 4.94J/g×10⁶g/m³。

由此可计算出 2009—2017 年宁波市的雨水化学能，再根据表 5.2 可知，其太阳能值转换率为 157423，故雨水化学能能值如表 5.6 所示。

（5）地球旋转能

地球旋转能＝（土地面积）×（热通量），其中面积为宁波港区海陆域面积 26758hm²，热通量的取值为 $1×10^6$ J/（m²·a）。故港区的地球旋转能为 2.68E+14 J/a，由表 5.2 可知，其太阳能值转换率为 34377，故转换成太阳能值为 9.20E+18J/a。

（6）潮汐能

月球引力的变化引起潮汐现象，潮汐导致海水平面周期性地升降，因海水涨落及潮水流动所产生的能量称为潮汐能。这种能量是永恒的、无污染的能量。潮汐能的能量与潮量和潮差成正比，或者说，与潮差的平方和港口的面积成正比。潮汐能＝（面积）×（0.5）×（潮汐次数/a）×（潮高²）×（水密度）×（重力加速度）。其中，面积为宁波港区海域面积 25800hm²，0.5 为地心引力的

表 5.3　2009—2017 年宁波港太阳辐射能

年份	2009	2010	2011	2012	2013	2014	2015	2016	2017
每年日照时间(h)	1734	1814	1837	1769	2164	1601	1457	1496	1797
太阳辐射能(J/a)	2.28E+18	2.39E+18	2.42E+18	2.33E+18	2.85E+18	2.11E+18	1.92E+18	1.97E+18	2.37E+18
转换成太阳能值(J/a)	2.28E+18	2.39E+18	2.42E+18	2.33E+18	2.85E+18	2.11E+18	1.92E+18	1.97E+18	2.37E+18

基础数据来源:《宁波市统计年鉴》

表 5.4　2009—2017 年宁波市平均降雨量

年份	2009	2010	2011	2012	2013	2014	2015	2016	2017
年降水量(mm)	1641	1733	1384	2104	1621	1620	2078	1903	1596

数据来源:《宁波市水情年报》

表 5.5　2009—2017 年宁波港雨水势能

年份	2009	2010	2011	2012	2013	2014	2015	2016	2017
年雨水势能(J/a)	1.08E+13	1.14E+13	9.07E+12	1.38E+13	1.06E+13	1.06E+13	1.36E+13	1.25E+13	1.05E+13
转换成太阳能值(J/a)	9.56E+16	1.01E+17	8.06E+16	1.23E+17	9.45E+16	9.44E+16	1.21E+17	1.11E+17	9.30E+16

中峰,潮汐次数为 706 次/年,宁波北仑海域潮高约 1.74m,水密度为 1.0253 ×10³kg/m³,重力加速度 9.8m/s²。由此可以测出每年宁波港的潮汐能为 2.77E+15J/a,由表 5.2 可知,其太阳能值转换率为 30550,故转换成太阳能值为8.46E+19J/a。

5.3.2　区域总能值及区域能值密度的计算

区域总能值由转换后的太阳辐射能、风能、雨水势能、雨水化学能、地球旋转能五项中最大者[①]和潮汐能转换值加总而得。雨水化学能的能量最大,故取雨水化学能转换成太阳能值后的能量与潮汐能之和作为区域总能值。区域能值密度 = 区域总能值/区域面积,区域面积即为宁波港区海陆域面积 26758hm²。计算结果如表 5.7 所示。

5.4　宁波港航物流能值生态足迹测算

宁波港航物流能值生态足迹的测算主要分为两部分:一部分是港区的能值生态足迹,另一部分是公路集疏运系统的能值生态足迹,二者加总之和即为宁波港航物流能值生态足迹的近似值。

5.4.1　宁波港港区能值生态足迹测算

(1)港区生产综合能耗计算

港区生产综合能耗即港口的生产综合能源单耗,指的是港口完成单位吞吐量所消耗的生产综合能源量。按照国家颁布的《港口能源消耗统计及分析方法》,港口生产综合能耗量包括装卸生产综合消耗量和辅助生产消耗量。装卸生产综合能耗量指直接用于装卸生产的能耗量,主要包括装卸、水平运输、

---

① 依据能值理论,为避免重复计算,通常取太阳辐射能、风能、雨水势能、雨水化学能、地球旋转能五项中最大者计算区域总能值。

表 5.6 2009—2017 年宁波港雨水化学能

年份	2009	2010	2011	2012	2013	2014	2015	2016	2017
年雨水化学能(J/a)	2.17E+15	2.29E+15	1.83E+15	2.78E+15	2.14E+15	2.14E+15	2.75E+15	2.52E+15	2.11E+15
转换成太阳能值(J/a)	3.41E+20	3.61E+20	2.88E+20	4.38E+20	3.37E+20	3.37E+20	4.32E+20	3.96E+20	3.32E+20

数据来源:根据表5.4数据计算所得。

表 5.7 2009—2017 年区域总能值及区域能值密度

年份	2009	2010	2011	2012	2013	2014	2015	2016	2017
雨水化学能转换成太阳能值(J/a)	3.41E+20	3.61E+20	2.88E+20	4.38E+20	3.37E+20	3.37E+20	4.32E+20	3.96E+20	3.32E+20
潮汐能(J/a)	8.46E+19	8.46E+19	8.46E+19	8.46E+19	8.46E+19	8.46E+19	8.46E+19	8.46E+19	8.46E+19
区域总能值(J/a)	4.26E+20	4.46E+20	3.73E+20	5.23E+20	4.22E+20	4.22E+20	5.17E+20	4.81E+20	4.17E+20
区域能值密度(J/m²)	1.59E+12	1.67E+12	1.39E+12	1.95E+12	1.58E+12	1.58E+12	1.93E+12	1.80E+12	1.56E+12

库场作业、现场照明、客运服务等能耗量;辅助生产能耗量指直接为装卸生产服务的能耗量,主要包括港作船舶、场区内铁路机车运输、后方货运汽车、物流公司、机修、候工楼、生产办公楼、理货房、港口设施维护、冷藏箱保温、液体化工码头灌区及管道加热、港区污水处理、给排水等能耗量。

在港区生产综合能耗测算中,港口生产单位吞吐量综合能耗按照每万吨吞吐量所消耗的吨标准煤来度量,记为"tce/万 t 吞吐量",其中"ce"表示"标准煤"。电力折算成标准煤的单位为"gce/kWh"①,即每生产一度电,所消耗的克标准煤。由第三章测算结果可知,港口的单位生产吞吐量综合能耗见表 5.8,各年度宁波港港口货物吞吐量综合能耗见表 5.9。

(2)港区生产吞吐量综合能耗的能值折算

我国对标准煤的定义为每千克含热量 7000 千卡,即每千克标准煤含能29307 千焦,记为 29307000J/kgce。据此,由港口生产吞吐量综合能耗可计算港口吞吐量消耗的原始能值。公式如下:

港口吞吐量能值原始数据＝港口生产吞吐量综合能耗×标准煤的能值(29307 千焦)。

接下来,将港口生产吞吐量原始能值转换为太阳能值。由美国学者 H.T. Odum 等计算出的煤炭的能值转换率为 39800sej/J,可得港口吞吐量转换为太阳能值公式如下:

转换为太阳能值＝港口吞吐量能值原始数据×煤炭能值转换率。

计算结果如表 5.10 所示。

(3)港区能值生态足迹计算

将港口每年消耗的能值总量除以每年的区域能值密度,可得港区能耗所需的能值生态足迹,即所需要的港区面积。

计算结果如表 5.11 所示。

---

① 采用国家能源局公布的 6000 千瓦及以上电厂供电标准煤耗。

表 5.8 2009—2017年全国平均沿海港口生产单位吞吐量综合能耗推算

年份	基准年(2005)	2009	2010	2011	2012	2013	2014	2015	2016	2017
电力折算标准煤系数(gce/kWh)	404	339	332	329	326	323	320	317	313	309
港口生产单位吞吐量综合能耗(tce/万t)	5.7	4.78	4.68	4.64	4.60	4.55	4.78	4.68	4.64	4.60

数据来源：根据国家能源局公布的"电力折算标准煤系数"推算所得。

表 5.9 2009—2017年宁波港口货物吞吐量及能耗计算

年份	2009	2010	2011	2012	2013	2014	2015	2016	2017
港口货物吞吐量(万t)	38385	41217	43339	45303	49592	52646	51004	49619	55151
港口生产单位吞吐量综合能耗(tce/万t)	4.78	4.68	4.64	4.60	4.55	4.78	4.68	4.64	4.60
港口生产吞吐量综合能耗(tce)	183480.3	192895.56	201092.96	208393.8	225643.6	251647.9	238698.72	230232.2	253694.6

宁波港航物流生态治理实证分析

76

表 5.10 2009—2017 年宁波港港口生产吞吐量综合能耗及能值计算

年份	2009	2010	2011	2012	2013	2014	2015	2016	2017
港口生产吞吐量综合能耗(tce)	183480.3	192895.56	201092.96	208393.8	225643.6	251647.9	238698.72	230232.2	253694.6
港口吞吐量能值原始数据(J)	5.38E+15	5.65E+15	5.89E+15	6.11E+15	6.61E+15	7.38E+15	7.00E+15	6.75E+15	7.44E+15
转换为大阳能值值(sej/J)	2.14E+20	2.25E+20	2.35E+20	2.43E+20	2.63E+20	2.94E+20	2.78E+20	2.69E+20	2.96E+20

表 5.11 2009—2017 年宁波港口能值生态足迹计算

年份	2009	2010	2011	2012	2013	2014	2015	2016	2017
港口吞吐量太阳能值(sej/J)	2.14E+20	2.25E+20	2.35E+20	2.43E+20	2.63E+20	2.94E+20	2.78E+20	2.69E+20	2.96E+20
区域能值密度(J/m²)	1.59E+12	1.67E+12	1.39E+12	1.95E+12	1.58E+12	1.58E+12	1.93E+12	1.80E+12	1.56E+12
港口能值生态足迹(m²)	1.35E+08	1.35E+08	1.69E+08	1.25E+08	1.67E+08	1.86E+08	1.44E+08	1.49E+08	1.90E+08

5.4.2 宁波港集疏运系统能值生态足迹测算

经调查,宁波港集疏运系统中,铁路运输约占 2%,公路运输所占的比重高达 87%。为此,本书重点对公路集疏运系统所消耗的能值情况进行测算。

(1)宁波港公路集疏运交通生产量

首先,计算宁波港 2009—2017 年每年的交通生成量 N_T。

$$N_T = A_T \times p \div r \tag{5.1}$$

式中:A_T 为集装箱年吞吐量,p 为公路集装箱所占的比重($p=87\%$),r 为平均装载率,按 70% 计算。

由式 5.1 计算可得 2009—2017 年公路集装箱生成量,如表 5.12 所示。

(2)宁波港公路集卡车能值消耗测算

集卡车的能值消耗情况 P_T 可由下式算得:

$$P_T = N_T \times M \times L_E \tag{5.2}$$

式中:N_T 为交通生成量,L_E 为百公里的能值消耗情况。

宁波港正积极推广 LNG 集卡车的应用,但目前集卡车仍以传统的柴油集卡车为主,故本部分只针对柴油集卡车进行测算,LNG 集卡车将在后续章节讨论。柴油集卡车每百公里油耗约为 35 升,每升柴油的能值为 38440000J,故百公里油耗能值为 1.35E＋09。由 H. T. Odum 的研究可知,柴油的太阳能值转换率为 6.60E＋04,据此可算出最终的太阳能值。

M 为集卡车平均行驶里程,集卡车在宁波市区内的平均行驶里程为 20 公里,宁波港实际承载的范围在市区 20 公里内。但港口的集疏运辐射范围不仅仅在宁波市,还包括周边无水港、腹地区域等。在这样的开放系统中,测算时考虑拓展到浙江省域,根据收集的数据,宁波市集卡车 95% 以上来源于杭甬高速、甬金高速、甬温台高速以及沈海高速杭州湾跨海大桥段,其里程及集卡车流量比重如表 5.13 所示。

表 5.12 2009—2017 年宁波港港口货物吞吐量

年份	2009	2010	2011	2012	2013	2014	2015	2016	2017
货物吞吐量(万 t)	38385	41217	43339	45303	49592	52646	51004	49619	55151
集装箱吞吐量(万 TEU)	1042.3	1300.4	1451	1567	1677.4	1870	1982.4	2069.3	2356.6
公路集装箱生成量(万 TEU)	1295.43	1616.21	1803.39	1947.56	2084.77	2324.14	2463.84	2571.84	2928.92

数据来源:《宁波市统计年鉴》。

表 5.13 各高速路段里程及集卡车来源比例

高速公路段	杭甬高速	甬金高速	甬温台高速	沈海高速杭州湾跨海大桥段	其他
里程(km)	248	184	252.7	36	
集卡车来源比例	22%	10%	39%	24%	5%

用集卡车来源的权重乘以相应高速的行驶里程并加总求和,即可得集卡车的高速路段平均行驶里程为 179.913 公里,加上宁波市区的平均行驶里程 20 公里,故集卡车的平均行驶里程约为 200 公里,即 M 的取值为 200。则集卡车的油耗能值情况 P_T 如表 5.14 所示。

(3)宁波港公路集疏运能值生态足迹测算

将集卡车每年消耗的能值总量除以每年的区域能值密度,可得浙江公路集疏运系统每年的能耗所需的能值生态足迹,计算出的能值远超宁波港区范围所能承载的。而实际上宁波港所需承载的能值生态足迹是指在进入宁波市区集卡车平均行驶里程为 20 公里所消耗的能值,故宁波港公路能值生态足迹只占了整个公路集疏运系统的约 10%。测算结果如表 5.15 所示。

5.5 宁波港航物流可持续评价

5.5.1 宁波港航物流能值—生态承载力计算

港航物流是一个较为开放的系统,主要包括两部分:一部分是港口的港区范围内的物流作业活动,另一部分则是港口的集疏运系统所带来的物流活动。根据能值理论,对于港航物流这样的开放系统,其存在着能量之间的相互交换。为此,既不能仅仅将生态承载范围圈定在港口内,也不能将生态承载范围界定过大,这样会造成对生态承载的乐观估计。本章将整个港航物流体系的能值生态承载范围界定在港口的陆域及海域以内。目前,宁波港陆域面积为 958hm²,海域面积为 25800hm²,共计 26758hm²,即宁波港航物流的生态承载力为 26758hm²。

综合港口的能值生态足迹和公路集疏运系统的能值生态足迹,可以得出宁波港航物流的能值生态足迹。计算结果如表 5.16 所示。

表 5.14 2009—2017 年宁波港集卡车油耗能值测算情况

年份	2009	2010	2011	2012	2013	2014	2015	2016	2017
公路集装箱生成量（万 TEU）	1295.43	1616.21	1803.39	1947.56	2084.77	2324.14	2463.84	2571.84	2928.92
集卡车能值原始数据（sej/J）	3.49E+16	4.35E+16	4.85E+16	5.24E+16	5.61E+16	6.25E+16	6.63E+16	6.92E+16	7.88E+16
转换为太阳能值（sej/J）	2.30E+21	2.87E+21	3.20E+21	3.46E+21	3.70E+21	4.13E+21	4.38E+21	4.57E+21	5.20E+21

表 5.15 2009—2017 年宁波港公路集疏运系统能值生态足迹测算情况

年份	2009	2010	2011	2012	2013	2014	2015	2016	2017
集疏运系统太阳能值（sej/J）	2.30E+21	2.87E+21	3.20E+21	3.46E+21	3.70E+21	4.13E+21	4.38E+21	4.57E+21	5.20E+21
区域能值值密度（J/m²）	1.59E+12	1.67E+12	1.39E+12	1.95E+12	1.58E+12	1.58E+12	1.93E+12	1.80E+12	1.56E+12
集疏运系统能值生态足迹（m²）	1.45E+09	1.72E+09	2.30E+09	1.77E+09	2.34E+09	2.61E+09	2.27E+09	2.54E+09	3.33E+09
集疏运能值生态足迹（港区承载）（m²）	1.45E+08	1.72E+08	2.30E+08	1.77E+08	2.34E+08	2.61E+08	2.27E+08	2.54E+08	3.33E+08

5.5.2　宁波港航物流可持续性评价指数

由前文讨论的能值—生态足迹法模型,可计算得到可持续性评价指数 SEI。其中,EEF 即宁波港航物流能值生态足迹,EEC 即宁波港能值生态承载力。由式(4.6)计算得到 2009—2017 年宁波港航物流能值生态足迹模型的可持续性评价指数,如表 5.17 所示。

5.5.3　宁波港航物流可持续性分析

由能值生态足迹理论可知,可持续性评价指数 SEI 越小,生态赤字越小,当 SEI 接近 0 时,表明生态足迹对生态承载力的影响接近于 0,说明该地区仍有很大的生态空间供发展;当 SEI 等于 0.5 时,表明生态足迹与生态承载力二者旗鼓相当,即该地区的发展处在产生生态赤字的边缘;当 SEI 接近 1 时,表明该地区的生态承载力小于生态足迹,生态赤字情况已经出现,说明该地区的经济社会发展的生态消耗已经超出了其生态承载能力,根据 SEI 远离 0.5 的程度,可以判断该区域生态赤字的严重程度。

由表 5.17 不难看出,宁波港口能值生态足迹的可持续性评价指数自 2009 年到 2017 年均超过了 0.5,且最高在 2017 年达到了 0.66。这说明宁波港的生态承载力已经难以承载其港航物流快速发展的需要,港口的生态环境已经存在一定的压力,宁波港航物流的生态赤字已经出现。用柱状图和折线图可以更为直观地反映 2009—2017 年宁波港能值生态足迹超过能值生态承载力的部分及宁波港航物流能值生态足迹的变化趋势。

由图 5.3～图 5.6 可见,2009—2017 年,随着宁波港货物吞吐量和集装箱吞吐量的快速发展,港航物流能值生态足迹总体呈现上升趋势,与港航物流的发展成正比变化。相对于港区生产能值生态足迹的变化趋势,集疏运系统能值生态足迹上升趋势更为明显,这是由于港区通过能源改造和技术革新,降低

宁波港航物流生态治理实证分析

表 5.16　宁波港航物流能值生态足迹与生态承载力

年　份	2009	2010	2011	2012	2013	2014	2015	2016	2017
宁波港口能值生态足迹(hm²)	13460.05	13472.87	16874.72	12465.35	16657.90	18577.64	14426.04	14919.28	18968.85
集疏运能值生态足迹(港区承载)(hm²)	14469.12	17187.28	23040.89	17737.03	23432.90	26123.48	22671.52	25374.50	33343.24
宁波港航物流能值生态足迹(hm²)	27929	30660	39916	30202	40091	44701	37098	40294	52312
宁波港能值生态承载力(hm²)	26758	26758	26758	26758	26758	26758	26758	26758	26758

表 5.17　宁波港航物流能值生态足迹模型的可持续评价指数

年　份	2009	2010	2011	2012	2013	2014	2015	2016	2017
宁波港航物流能值生态足迹 EEF(hm²)	27929	30660	39916	30202	40091	44701	37098	40294	52312
宁波港能值生态承载力 EEC(hm²)	26758	26758	26758	26758	26758	26758	26758	26758	26758
宁波港航物流可持续评价指数 SEI	0.51	0.53	0.60	0.53	0.60	0.63	0.58	0.60	0.66

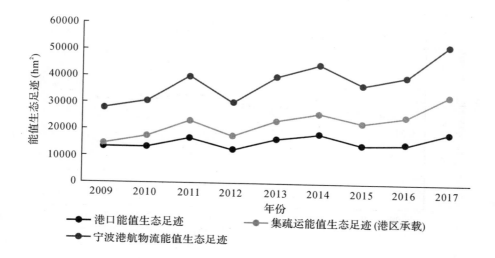

图 5.3　2009—2017 年宁波港航物流能值生态足迹的变化趋势

数据来源:根据表 5.16 数据绘制。

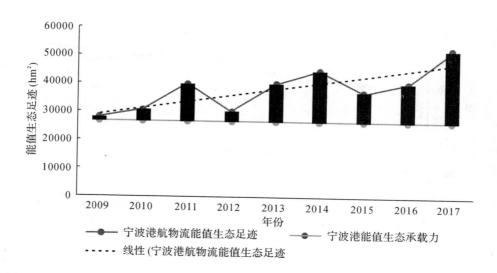

图 5.4　2009—2017 年宁波港航物流能值生态足迹及其生态承载能力对比

数据来源:根据表 5.17 数据绘制。

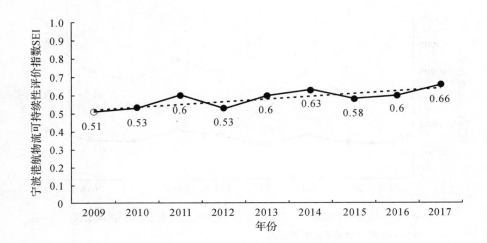

图 5.5 2009—2017 年宁波港航物流可持续性评价指数变化趋势

数据来源:根据表 5.17 数据绘制。

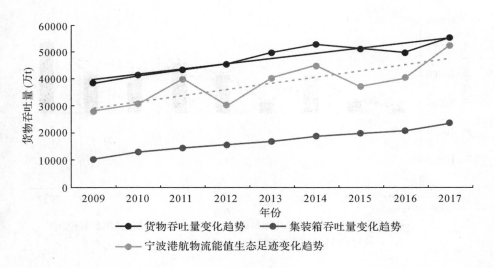

图 5.6 2009—2017 年宁波港航物流可持续性评价指数变化趋势图

数据来源:根据表 5.12 和表 5.16 数据绘制。

了单位吞吐量综合能耗，一定程度上缓解了生态足迹快速上升的压力。近几年，宁波港也着力开展了集疏运车辆的绿色化改造，由于数量有限，本部分未作考量。

2009 年以来，宁波港航物流的能值生态足迹一直超出其生态承载力范围，且在 2011 年、2014 年和 2017 年出现较大的生态赤字。2012 年和 2015 年略有下降，这是由于当年度所产生的可更新的自然资源较为丰富，使得区域能值密度较高，而所需的生态土地面积降低。但整体来看，宁波港航物流生态足迹的生态赤字现象已经变得越来越严重，需要采取相应有效的对策来予以缓解。本研究接下来将根据测算过程和结果，分析宁波港航物流生态问题的动因，并找出生态治理的有效路径。

5.6 宁波港航物流生态治理案例讨论与启示

（1）从能值生态承载力的视角

由宁波港航物流的能值生态足迹模型的计算过程可知，宁波港航物流的能值生态承载力的面积是一定的，即港区和海域的面积之和。但在这个区域范围内的区域能值密度却是每年都在发生变化的，根据自然条件、太阳光、风能、潮汐能等的不同，该区域所能承载的能值消耗也是不同的。由计算过程可知，宁波港航物流能值生态承载力主要取决于其太阳光能、风能、雨水势能、潮汐能等能量。在可持续发展思想的指导下，一个可循环的生态能值系统，需要宁波港注重利用这些可再生的清洁自然资源。尊重生态环境，保护和改善生态环境，可以增加日照时长，保证充沛而符合自然规律的降水量。因此，提升对这些清洁自然能源的利用，是改善宁波港航物流生态情况，提高生态效率的一个重要路径。

（2）从港区能值—生态足迹的视角

从宁波港口范围能值生态足迹的计算过程中可知,整个港区的作业大部分是由耗电量折算成发电的标准煤系数来计算。电力折算标准煤的系数每年都在下降,这是基于发电技术的提高和煤炭利用率的提升。因此,如何提高港区的运作效率,提升机器设备性能,降低发电耗煤量,开拓水力发电方法都是重要的生态治理路径。

可大幅降低港口污染物排放的有效路径是引入船舶岸电系统[①]。船舶靠港期间,为满足装卸作业和船员生活用电需要,船舶要启动燃油辅机发电,要燃烧大量油料,不仅能耗高,也会产生噪声和大量硫氧化合物等废气污染,给港区环境造成较大生态威胁。研究表明,全球约15%的氮氧化物以及5%～8%的硫氧化物排放源自船舶[②]。宁波舟山港每年靠港船舶约为3万艘,如果这些船舶都使用自身燃油供电系统,每年将产生约1650吨二氧化硫、2205吨氮氧化物和219吨细颗粒物。（周虹伯,2018）引入岸电系统可大幅减少污染物的排放,据宁波港估算,以5万吨级的散货常规船型为例,单艘次靠泊时可减排二氧化碳约6.94吨、废气约70.57吨、有害物质（氧化物、硫化物、一氧化碳等）约0.21吨,同时还将降低噪声污染。每个泊位每年可减少燃油消耗300吨,减少各类空气污染物排放约30吨。

（3）从集疏运系统能值生态足迹的视角

由以上分析可知,宁波港公路集疏运的能值生态足迹增长趋势超过宁波港口的能值生态足迹,并且在2009年后这一差距越拉越大。随着宁波港吞吐量的不断上升,在以公路集卡车为主的集疏运体系中,集卡车带来的能值生态足迹越来越大。对宁波港航物流而言,降低其公路集疏运系统的能值生态足

---

①　按照国家交通运输部发布的JTS155-2012《码头船舶岸电设施建设技术规范》行业标准,"船舶岸电（shore-to-ship power supply system）（简称:SPS）"是指由岸上供电设施向船舶提供电力,其整体设备称为码头船舶岸电设施。船舶岸电又分为高压船舶岸电和低压船舶岸电。船舶岸电系统通常包括:岸上供电系统、电缆连接设备和船舶受电系统。

②　根据国际环保组织自然资源保护协会提供的数据。

迹是生态治理的主要着力点,在合理提升水陆运输、海铁联运的同时,迫切需要降低集卡车的能耗,提高实载率。同时,改善集卡车能源结构,加快推广LNG集卡车运输也是有效途径之一。

LNG集卡车具有独特的优势。LNG的燃点高、易挥发,安全性高;LNG集卡车单位能耗低,比柴油集卡车约节省30%的燃料成本,更重要的是清洁环保。以LNG作为汽车燃料,比汽油、柴油的综合排放量降低约85%,其中一氧化碳排放减少97%、二氧化碳减少90%、微粒排放减少40%、噪声减少40%,无铅、苯等致癌物质,基本不含硫化物,环保性能优越。[1]

近年来,宁波港加大了LNG集卡车的政策引导和扶持力度,在"十三五"环境保护工作中,已将港区集卡车清洁能源化比率纳入目标指标,提出到2020年要达到65%,控制超标集卡车运输,实施短途运输集卡车LNG改造。表5.18是2013—2018年宁波港区集卡车的运营数量变化情况。

表5.18 2013—2018年宁波港区LNG集卡数量

年份	2013	2014	2015	2016	2017	2018年5月
数量/辆	218	594	692	794	856	890

数据来源:北仑新闻网。

加气站等基础设施建设是推广LNG集卡车的前提,由于宁波港的LNG集卡行驶范围主要在宁波市北仑区域内,因此,北仑区加强了配套LNG加气站设施的建设。目前,北仑区已建成并投入使用的LNG集卡加气站共有5座,基本能够满足用户需求。按照北仑区编制的《北仑区汽车加气站规划》,将合理增加港区内外LNG加气站的布点10座左右。

---

[1] 数据来源于百度百科,https://baike.baidu.com/item/LNG%E9%87%8D%E5%8D%A1/4884775。

第六章

港航物流生态治理的路径与对策

6.1 港航物流生态治理的路径探索

6.1.1 借鉴国内外成功经验,给出生态港航建设的策略集

国外一些先进港口在生态治理方面已经做得比较成熟,主要归功于政府制定了适宜的环保法律、法规以及相关标准,并对此严格执行。同时,相关部门根据各地的实际情况而制定的详细可行的环保计划,以及公众自发的环保意识和行动也是不可或缺的。如长滩港实施港内设备升级,制定包括空气、水质、土壤等40个项目的环保方案,实施绿旗计划等。而相对于发达国家,国内港口治理虽然起步较晚,但随着近几年的积极绿色实践,也在港口生态发展方面取得了一些进步。

主要经验包括:(1)将环境返还于自然。基于人类与自然和谐共存的原则,掌握港航物流发展的生态需求,并将港航物流发展对环境的负面影响降到最低。根据环境及生态链的组成特性,建造或改良原有的经济活动,营造港航物流的"原始生态环境"。(2)生态治理从源头做起。减少使用各种不利于生态环境的能源,尽可能多地利用当地的环境特征和相关的自然因子,如阳光、风、水力等;逐步使用电能或其他无污染的能源代替柴油;加快绿色节能型生

产设备和相关技术的使用。（3）加强环境监控,完善环保法规。实时监测和记录各环节各污染物的排放量,对其加以严格控制,并及时反馈给相关部门;不定期对所执行的标准和采取的环保措施进行修正,确保时效性,以起到对港航物流生态环境的保护作用。

因此,提升我国港航物流生态治理水平的首要工作是系统梳理我国现行港航物流生态治理模式的绩效与问题,进行实证研究及国际比较;研究基于行政科级的环境政策执行机制,评价现行"生态补偿机制"的执行绩效与问题,讨论正负两方面的政策效应。以美国、欧洲、日本为案例,从技术、管理、组织等方面梳理环境治理的经验和策略。通过绩效评价及国际比较,合理定义推进绿色港航建设的可能政策情境。通过生态足迹需求与自然生态系统的承载力比较,定量判断某一港口目前可持续发展的状态,并进行横向比较,以便做出科学规划和建议。研究污染税、可交易污染许可、污染排放标准和减排补贴等不同政策情境下港航物流生态系统的可能成效,估测系统的成本分摊、协同效率、临界条件、环境绩效等指标,并分析演化趋势,据此给出生态港航建设的策略集。

6.1.2　着眼"港口经济圈"生态系统,构建海陆联动的协同治理模式

"港口经济圈"是浙江在全国率先提出的区域发展战略构想,是一个由航运、港口作业、集疏运网络及相关产业构成的有机系统,具有资源整合范围广、产业辐射能力强的特点,被浙江省政府定位于"承担国家战略的主载体、经济转型升级的主引擎、区域协调发展的主平台"。但同时,港口经济圈建设也是生态输入性产业,不仅需要利用陆上资源,还涉及临港的水域,港口经济对生态环境的影响不可小视。顺应国内外港口发展趋势,坚持生态优先、绿色发展的战略定位,大力推进建设"绿色港口经济圈",具有重要的战略意义。因此,必须将港口经济圈建设和港航物流发展放入生态圈的循环中,从港口经济

圈—社会经济圈—沿海生态圈的整体角度出发,处理资源生产率与经济和环境之间的关系,研究绿色经济圈建设问题,为区域经济的可持续发展提供支撑。

从"港口经济圈"生态系统的视角来看,生态治理需要海陆联动、协同推进。一是需要海港、海湾、海岛的联动治理,港口、产业、城市的联动治理,港口和集疏运体系的联动治理,以及政府、产业、科学研究等各方面的协同推进等。二是需要系统提升港口经济圈环境治理监管能力。目前面向港口经济圈的系统性环境监管能力、管理手段明显滞后,环境信息化和现代化水平还不适应环境管理要求,基础数据和监管系统支撑仍需增强。三是综合考虑港口、航运、集疏运体系以及相关产业,并将"绿色港口经济圈"发展置于整合经济社会发展之中,综合运用复杂系统方法,构建港航物流生态动力系统演化模型①,将多元的环境政策与港口经济圈复杂网络结合起来,进行系统性研究;以港航物流体系为切入点,将相关环境成本量化,并通过建模和优化,厘清环境治理策略在港口经济圈中的演化机理和扩散规律;通过政策情境仿真,寻找港口经济圈生态治理和生态效率提升的有效机制和实现路径,最终提出一套可监控、可规制、可预见的"率先建成绿色港口经济圈"的实施方案,形成"率先建成陆海统筹、港航一体、上下协同的绿色港口经济圈"的政策建议。

6.1.3 引入绿色供应链管理理念,探索港航物流可持续性治理路径

1996 年,美国密歇根州立大学制造研究学会提出了绿色供应链管理(Green Supply Chain Management,GSCM)的概念。2000 年以后,我国学者开始对绿色供应链的概念及体系结构等进行相关研究。绿色供应链管理作为

---

① 《浙江海洋经济发展示范区规划》和《浙江省海洋港口发展"十三五"规划》分别将港航物流体系定位于海洋经济和港口经济圈建设的核心内容。

一种系统的生态治理策略,已被发达国家实践证明,能够综合地提升企业经济、环境和社会绩效(Nicole Darnall,2008)。企业在环境共治和绿色供应链构建中,都发挥了主导性作用,有效提升了环境政策的执行绩效。但目前我国绿色供应链管理实施水平相对较低,与之相关的应用基础性研究具有重要的理论与现实意义,并亟待加强。2011年,交通运输部明确提出了建立绿色港口认证体系,推动传统港口向效率、绿色、低碳为主要特征的绿色生态港口转型。为落实党的十九大精神,国务院办公厅印发的《关于积极推进供应链创新与应用的指导意见》和国家八部门联合印发的《关于开展供应链创新与应用试点的通知》,将构建绿色供应链列为重点任务,引导地方和企业加快践行。

港航物流产业是以集装箱、大宗散货、石油化工品运输和散、杂货为主,具有保税仓储、现代物流、临港工业等功能为一体的综合性产业体系。横向来看,以港口区域为中心,形成了分工明确、合作紧密的港航物流产业集群,具有块状经济特征;纵向来看,港航物流作为生产性服务业,深度参与上下游产业链,成为跨国供应链中的重要一环。港航物流产业集群和供应链耦合,形成了由多个供应链相互嵌入、相互协调的具有范围经济和规模经济特征的集群式供应链。环境政策驱动下,集群式供应链的绿色化机理相较传统绿色供应链理论具有特殊性。由于港航物流生态治理问题在空间和时间上的复杂性,我国现行层层分解到地方政府的"科级制"环境治理模式,长期以来未能取得预期治理成效。我们认为,环境成本内部化是破解环境政策困境的根本,基于港航物流系统的环境成本转移与分摊是环境成本内部化的有效途径。环境成本的量化、相关转移机制的研究,将为环境补偿定价以及相应的环境治理策略提供重要的理论依据。我国目前对港航物流环境成本的研究主要是从定义、分类、核算控制等方面展开,从上下游供应链的视角考察环境成本如何转移和分摊、由谁主导等问题的研究较少,尤其是针对港航物流系统环境成本的量化及内部化转移机制研究更需加强。

因此,港航物流生态治理应积极引入绿色供应链管理的理念,建立港航物流生态系统三阶段(上游供应商、核心企业、下游服务商)治理框架。基于我国港航物流环境治理政策不可持续的原因,从技术、管理、组织等方面构建可持续的治理模式。集群式供应链绿色化升级的实现是一个复杂的动态博弈的过程。在治理过程中,应首先明确内在机理,包括系统构成、关系、内在动力、约束条件、影响因子、决定因素等,厘清集群式供应链网络中政府、核心企业、上下游供应商与第三方港航服务企业的演化博弈关系,为系统性生态治理提供具有实践意义的理论依据。前期研究表明,基于监督和惩罚的治理手段应该着力于供应链主导企业,推动核心企业先进行绿色化投资,并通过环境成本合理分摊,影响其上下游中小企业渐进参与绿色化投资。随着供应链绿色化投入、政府补贴投入、绿色化运营及工艺、绿色服务价格、绿色服务成本的不断变化,供应链的整体绩效不断实现帕累托改进,直至实现帕累托最优,达到供应链的整体绩效最大化,带动并实现港航物流的绿色化转型升级,形成以集群式供应链为载体、以供应链核心企业为主导、以绿色供应链带动生态文明建设的环境治理新路径。

6.2 港航物流生态治理的对策措施

6.2.1 转变思想观念,重视环境成本,全面践行生态环保理念

(1)加大宣传力度,重视环境成本

为了建设绿色生态港口,加快可持续发展进程,转变人们的思想观念也非常重要。我们应该广泛地开展以低碳环保和可持续发展理念为主题的教育活动,改变港口公司领导和员工的生态环保意识;同时,港口主管部门要加大对生态环保建设的宣传力度,对到港的船舶及其货主也要进行宣传,介绍港口的环境保护状况,在港口生态环保领域中充分发挥港口与船公司、货主之间的交

流合作,实现港口环境保护全员参与。对于临港工业污染,应建立合理的环保结构体系,完善监测手段,优化资源配置,树立生态优先的发展理念,实行环境准入制度,优先发展高科技、高投入、低污染的项目,坚决淘汰高排放、高污染、低效益的产品。港口在生产经营的各个环节中,除了要考虑企业的经营成本外,还应该考虑环境成本。以注重在各个环节中的环境污染预防代替"末端治理"的环境污染防治策略,把环保理念纳入日常运作和对未来码头的设计和建设、创新港口发展模式中,维护港口区域生态系统的平衡。

(2)践行生态环保理念,深入企业文化

全面落实经济建设、政治建设、文化建设、社会建设、生态文明建设五位一体总体布局,充分考虑水域生态环境、港区海洋环境容量、港口建设对生态环境的影响等多方面综合因素,合理调整港口的经济结构,加快推进资源节约型和环境友好型港口建设。要不断降低人类活动对海洋、海岸线、口岸环境所造成的不利影响,以生态平衡、环境友好引领绿色生态港的开发建设。对已建和规划建设的港口制定相应的生态建设要求,力求在港区建设平面布局、基础设施安排、生产运营系统构建等环节,将港口经济发展对周围生态环境的影响降到最低,从根本上体现"生态文明"的理念。在港口的日常运营中,要充分发挥企业员工的积极作用,不断以"绿色、生态、低碳"等环境友好理念教育和引导员工,将"生态文明"的概念纳入企业文化建设的体系之中。培养员工的绿色理念,引导员工树立生态保护意识,使企业能够更快地适应生态绿色港口经济的发展潮流。

6.2.2 加快绿色技术推广应用,推进港航物流设施设备转型升级

通过分析,我们可以发现有相当一部分污染是由于港区设施设备粗放型的生产方式所造成的。对此,政府应加大对环境保护,尤其是港口环境保护的投入力度;优先发展先进实用的港口环境保护技术,提高机器自身的操作效率,改革落后的生产装卸工艺,向集约型生产方式转变;加强对港区及船舶污

染的处理能力,对在装卸运输过程中所产生的污染及时治理,坚持开发与保护并重,以环境保护优化经济增长,实现可持续发展。

(1)安置风力发电机组,充分利用港区自然资源,利用风能发电

港区优越的海岸线和位置使得其有丰富的自然资源可以使用,应加大对太阳能、风能及潮汐能的开发利用。可借鉴浙江省嘉兴港区的风电场项目,该风电项目建设内容主要包括风电场、110kV升压站、场内集电线路、110kV送出线路工程等,项目概算总投资40000万元,沿海盐港区一线海堤绿化带内布置安装2.0MW风力发电机组20台,总装机容量40MW。港口实施风电场项目对于推动开发利用海风资源、优化新区能源结构、促进节能减排、助力大气污染防治具有积极作用,也为探索综合高效利用岸线资源开辟了新途径。此外,潮汐能、太阳能等清洁能源的利用,都可以进一步提高港区的能源利用效率,节约资源,减少对煤炭柴油等资源的消耗。目前的技术水平对这些自然资源的利用十分缺乏,但思考如何利用这些资源的大方向不会变。

(2)推广LNG堆高机,进一步升级龙门吊"油改电",推进资源循环利用

一是要更加重视对港口生态环境的建设和政策扶持,增加实际的资金投入。对于港区作业的一系列设施都需要进行完善,对于先进高效的新型港口生态环保技术要及时采用,及时升级传统的机器设备,提高生产作业效率,改变以往较为落后的生产作业工艺,由较为粗放型的生产方式向集约型转变。如堆高机方面,要改变以往的以柴油为动力的作业模式,推广新型的自主改装的LNG堆高机,与依赖电的传统作业设备相比,换用LNG后的堆高机节能和环保效果更胜一筹,最高可减低作业带来的各类污染物35%。

二是完成对龙门吊的"油改电"项目,对龙门吊机进行进一步升级改造,这些吊机能将货物下放时的机械能变成电能。即当吊机吊起集装箱时是耗电的,而在集装箱下降时产生的机械能又能重新变回了电能回输给内部电网。这样可以减少对电力资源的消耗,实现资源的循环利用。

三是加强港区现场监督管理和环境监测,并形成环境污染事故报告制度。

对港区的基础设施建设方面可以同时考虑对部分民间资本的借力,从而加强企业责任感,分享发展低碳经济以及绿色物流所产生的好处。合理调度集卡车,合理选址,打造共同配送中心,优化集卡车配送路线,减少集卡车空载率;运用改进的高效物流技术;采用绿色环保包装,减少由于不合理包装所带来的二次污染。

(3)更新船舶设备,更换清洁燃料,减少垃圾产生量

由于资金限制,一些航运企业仍在使用设备陈旧、老化或超出使用寿命的船舶。这类船舶的自身防污能力和处理污水的能力很差,海洋环境也因此遭到污染。应加快更新、配置先进的船舶防污设备以及污水处理设备,净化船上的生活污水以及含油污水。推广应用船上垃圾回收、重复利用技术和系统,减少船舶垃圾的产生,减少海洋污染。另外,要进一步加大高新技术、环保航运燃料研发的投资,运用创新的科学技术,炼化、分离柴油燃料,减少硫化物以及二氧化碳的排放,加大港航物流生态防治的力度。政府要鼓励支持研发环保低污染的船舶燃料,只有这样才能将港航物流的发展提升到生态优化的国际高度,做强港航物流的基础,整体提高港航物流的生态竞争力。

6.2.3　创新港航物流组织模式,降低能耗,提升运营绩效

(1)转变集疏运方式,大力发展海铁联运

目前我国港口集疏运方式中,仍以公路集装箱为主,海铁联运比例不高。这无疑给公路系统带来了巨大的压力,同时也是近年来道路交通紧张的原因之一。尤其是随着港口集装箱吞吐量不断增加,港口繁重的集疏运任务与尚不完善的综合运输系统之间的矛盾也将日渐突出。以宁波舟山港为例,目前开通了宁波至新疆的海铁联运双向班列,随后还需进一步加强与华东、华中地区的集装箱海铁联运通道。当前,在宁波港的集疏运方式中,铁路运输只占到了2%左右的比重,而公路运输所占的比重竟高达85%以上。铁路运输相对公路运输来说,运量大,能耗低,而且污染很小,是一种十分理想的运输方式。

因此,降低公路集疏运方式在总的运输方式中所占的比重,加快集疏运方式的转变已经成为降低港口生态污染的必然选择。大力发展海铁联运等高效率、低排放量的集疏运方式,扩大相关基础设施的建设也已成为当下的重中之重。

当前应重点优化连接腹地的运输网,及时完善海铁联运的相关政策,加快海铁联运协调机制的建立,加强铁路部门与相关企业的信息交流,促进海铁联运各参与方之间的沟通与协调,形成一个开放、公平的海铁联运环境。可以设立铁路集装箱办理站,提高铁路主要干线的运输能力,拓展对港口及其腹地运输网络的连接;对海铁联运进行相应的政策扶持,并给予海铁联运以适当的财政补贴,鼓励、扶持和引导集装箱海铁联运模式的发展,及时建立海铁联运协调机制,保证铁路公司与其联系企业信息的及时传递,从而降低运输成本,提高物流服务水平,使参与海铁联运的各方能够进行高效的沟通、统一的协作,从而构建一个更为透明、公开、公平的海铁联运环境。

(2)推广集卡"双托"平板作业,车联网合理调度

一是推广集卡"双托"平板作业。集卡双托平板工艺是指在原有集卡牵引单个挂车的基础上,再加拖一个挂车的运输方式,宁波港已经率先在国内试点集卡双托,但只有十几辆车在试行。要成立专门的双托平板小组,攻关研究该技术的缺陷和运行过程中的难点。对集卡司机也要加强培训,完善各相关岗位的操作流程和集卡双托平板司机培训方案。

二是考虑在城市信息管理系统中设置集装箱运输车辆管理信息子系统。具体功能可以包括以下三个方面:1)预约功能。目前集装箱运输车辆进入城市都是随机的,经常发生拥堵,大大增加了车辆在途的等待时间,使得汽车尾气的排放量成倍上升,对城市环境造成较大的负面影响。实行预约制度后可有效地避免这个问题,大大减少车辆在途的等待时间。2)车辆调度功能。目前集装箱运输车辆大多是提货时空车进城,重车离城;送货时,重车进城,空车出城,空驶率高达50%。如果能够协调好各个地区的货物运输,提高装载率,就能加大对车辆运输的利用程度,减少资源的大幅度浪费。对集装箱运输车

辆实行统一调度,合理安排运输计划,把空驶率降到最低水平。3)引导功能。加快 RFID 射频技术的应用,提高信息系统的效率。当集装箱运输车辆进入城市后,对其实行全程跟踪引导,实时监控其运输情况,优化运输路线,最大限度地减少运输车辆在市区的行驶路程与停留时间。

6.2.4　科学布局,优化港航物流资源配置

(1)拓展模式,实现港城一体化发展

在建设绿色生态港的过程中,应加强城港对接,推进低碳综合交通和区域绿色物流的发展,将港口服务延伸到城市腹地中去。以港口为核心、以城市为主体、以自由贸易为依托,开展产业集聚基地和综合服务平台建设,促进港口与城市临港产业及经济腹地的产业布局融为一体。推动港口与核心城区良性互动,促进港口与所在城市及经济腹地有机结合,促进各种资源优化利用,进一步提升和完善港口城市的各项功能。加强与港口上下游相关行业企业的互动合作,引导其走一条节能环保、低碳经济的绿色发展道路;加大绿色生态港建设的辐射范围,以点带面,实现区域生态平衡;以港港联合、港企联合、港航联合等多种模式大力开发低碳环保技术,拓展港口发展新模式,大力发展循环经济,实现港口节能、清洁、高效发展;加快信息化建设,改善港区口岸环境,推动港口与其经济腹地联动发展,建立高效、高质的港口作业监管系统,进一步提高港口作业效率。

(2)提升服务能级,发展高端集约型产业

国际港口发展的高级阶段是具有综合资源配置功能的物流中心,节能环保的集约型产业是其核心竞争力,包括综合配套、体制文化、商务氛围、增值能力等。只有当与航运有关的配套服务都相对完善并且操作更为规范时,才能吸引航运要素不断集聚,并持久不衰。依据这些理论和经验,我国港口应着重提升航运金融服务、海上保险和航运咨询服务等航运物流高端服务能力,提高航运物流附加值。推动港口向现代化、集约型的国际第四代港口迈进,实现港

口与环境全面、协调、可持续发展。大力建设港口资源循环利用体系,将环境保护项目纳入港口规划、建设、生产的全过程中。通过港口资源的合理化配置,优化港口经营模式,打造布局合理、服务高效、低碳环保的现代化港口;加快港口转型升级,加大港口环保公共设施的资金投入,设立绿色港口建设专项基金;加大对绿色环保技术的开发和创新力度。学习和借鉴国外发展绿色港口的先进经验,引进国外的先进技术,改革落后的生产装卸工艺,向集约型生产方式转变;结合我国实际制定一套适合我国国情的绿色港口标准,保证港口向可持续的道路发展。

6.2.5　加强海洋环境监测和生态治理

海洋污染有积累过程很长,不易及时发现,一旦形成污染,需要长期治理才能消除影响,且治理费用大的特点。海洋污染很难做到有效防治,因而我们更要注意保护海洋生态环境,及时有效地处理海洋污染问题。

(1)合理规划港口用地,建立海洋生态保护区

在码头建设中合理填海造地,运用无污染的填料,尽可能减少对局部海域的生态功能破坏,避免滨海湿地削减、重要海湾萎缩、海洋赤潮频发等问题的产生,最大程度上维持海洋降低海岸防灾减灾能力。根据海洋功能区划和围垦规划,科学开展并严格控制填海造地,避开在河口、港湾等区域建立的海洋生态保护区和海洋渔业保护区,更合理围垦。

(2)建立完善的海洋污染监控系统

在沿海海域建立先进的、网络化的陆—海—空立体化的监管体系,应用高新技术监测设备,建立应急监测机制,设立更多的监控站,对面积更广的海域实现长期不间断、综合一体化监测,加大海洋监控力度,运用卫星遥感遥测、水生探测等高新技术,利用巡逻艇、直升机、卫星等设备,及时发现船舶污染海洋事故。同时,强化内河危险货物运输监管,运用现代化的监测手段和技术,运用船舶综合监管系统、AIS、GPS、GIS等手段,"动态,全方位"监管内河危险品

船舶,及时发现违规行为,以便准确分析和判断船舶污染事故发生的规模、地点、扩散趋势等,及时采取正确、有效的措施,将船舶污染损害降到最低。

(3)提高生态治理能力

做好海洋环境污染监控的同时,还应做好海洋船舶污染事故的应急预案,建立海洋溢油等突发事件的应急反应体系,掌握解决不同程度的溢油事故的紧急处理方案,因地制宜地开展本地区的油污处理工作,购买相应的除油设备。建立海上溢油应急指挥中心,统一指挥,合理分工,以便及时和有效地开展事故溢油的控制与处理工作。一旦海上发生船舶污染事故,能够整合较多的应急资源,发挥出最大的组织救援工作效力,争取最大限度地降低污染的损失。积极利用国际资金和民间资金,保证海洋环境保护与污染治理的资金投入,并建立污染治理试验区,改良废弃物处理技术、溢油事故处理技术、倾废技术,加强对重点污染海区的整治与管理。

6.2.6 完善法律法规,提供制度保障

(1)建立港口生态环境公共信息平台,构建科学的评价体系

绿色港口建设离不开数据的支持,可以考虑建立一个港口生态环境公共信息平台,全面监测分析码头操作、船舶营运、港口周边污染排放和环境影响数据。基于大数据分析,构建绿色港口评价体系,在充分考虑我国国情的基础上针对港口特性进行完善。此外,国家监管机构应着力打造"港—船—人—环境"的环保主线,港口规划严格依照相关法规和评价体系,入港船舶及船员充分执行中国船级社制定的《绿色船舶规范》等约束性条例,港口服务人员严格遵照港口操作程序,从而确保与港口相关的因素满足绿色生态的要求,进而达成绿色环保的目的。将分析数据和结论共享给相关部门和企业,积极进行维护水质、清洁空气、保护水生生物、减轻环境压力等工作;其次,要加强对港口工作人员的监管,严厉制止违反港口相关规定的行为,建立一套完整的奖惩制度,实行规范化管理,提高港口的应急监管能力。

（2）完善法律法规，加强合作交流

法律法规的制定和完善是保证港口与自然环境和谐相处的关键。由于现有的国家标准与法律法规都是在港口规模有限、机械化程度不高、对环境影响不大以及对污染严重性认识不足的情况下制定的，因此新形势下有必要重新审视现有的国家标准体系和有关的法规，并对之进行适当修改与补充，通过港口环境保护法律法规建设，尤其是关于发展中港口环境保护配套法规的落实，有利于建立完善的港口环境保护立法体系。对此，有关部门应该严格执行国家制定并修改后的《环境保护法》《固体废物环境防治法》等相关法律法规，对违规的情况进行严厉处罚。同时，明确各职能部门的具体职责，加强政府及各部门的交流与合作，提高办事效率，确立部门领导间的对话，真正有效地落实低碳经济、绿色物流以及生态港口的发展与建设。海事主管部门作为船舶污染防治监管的主管机关，应该有效建立海洋环境污染监督管理机制，在加强船舶安全检查力度的同时，加强对船舶垃圾的管理检查力度，减少海洋污染。海事部门也可不定期的组织海洋环境保护联合执法活动，督促沿海地方政府重视海洋经济与海洋生态环境协调发展。

6.2.7　加强新型人才培养，重视人才培训

为促进港航与生态环境的和谐发展，要加强高素质新型人才的培养，通过海洋环保知识的普及教育和专业教育，促进公众参与海洋生态环保事业，带动海洋意识的提高和海洋新价值观的形成，开辟全民关心海洋，保护海洋的新局面。船务公司要注重培养高素质人才，经常开展海洋防污染法规的宣传教育培训，不断提高船员对防污染设备的操作技能，帮助船员更深层次地领会保护海洋环境的重要性，并且逐步增强每个船员的海洋环境保护意识。另外，船务公司应该制定相应的考核和激励制度，加强管理，使船员能够自觉学习相关知识，提高操作技能和安全管理技能，自觉遵守相关法律规定，真正做到"有法可依""有法必依"，从而保证船舶的安全航行，保护海洋环境。

第七章

"海上丝绸之路"港航物流生态治理的思考

7.1 问题的提出

"生态兴则文明兴,生态衰则文明衰",这是古丝绸之路留给我们的深刻历史借鉴。"统筹安排好生态环境保护和经济开发之间的关系"是"一带一路"可持续发展的内在要求。2016年6月,国家主席习近平提出共建"绿色丝绸之路"。2017年5月,国家环保部发布《"一带一路"生态环境保护合作规划》,明确提出:"生态环保合作是绿色'一带一路'建设的根本要求、是实现区域经济绿色转型的重要途径、是落实2030年可持续发展议程的重要举措。"改善生态环境质量,推进生态治理现代化,已成为"一带一路"倡议实施中的核心议题。加强"一带一路"生态环保建设,是新时代的根本要求,更是发展机遇;是中国机遇,更是浙江机遇。

海上丝绸之路对港口有特殊依托,港航物流体系在建设"21世纪海上丝绸之路"进程中起着资源配置、海陆连接等至关重要的作用,是沿线国家经贸合作的基础性保障。但同时,随着海上丝绸之路的兴盛,港航物流所产生的海洋和陆源污染负面影响亦日益凸显、不容小视。然而,海丝路沿线港口生态化水平参差不齐,离散趋势显著,协同治理亟待加强。因此,以港航物流体系生态治理为引领,建立可计量、可监测、可比较的海丝路生态核算技术体系,实施有学理依据、有经验证据的"绿色海上丝绸之路"协同治理方案,输出中国绿色高标准,必将对我国全球战略产生重要的积极影响和政治经济外溢效应。

　　本章立足浙江,以港航物流生态系统为视角,提出设计"海丝路港航物流生态指数",打造"海丝路港航生态共同体"的几点建议。一是有利于发挥港航物流的战略支点作用,加快推进丝路绿色化。二是有利于及时遏制丝路建设带来的生态负面影响,输出的是绿色高标准,兑现中国承诺。三是有利于依托浙江生态建设基础,在推进"一带一路"生态建设中发挥引领作用,打造具有国际影响力的"一带一路"生态建设枢纽。

7.2　相关研究

　　生态环境保护是国际社会最为关心的问题之一。许多文献(Macy,1998;Mol,2000,2001;Forster 2005;等)从生态革命、生态转型、生态重建和环境改革等视角,描述了西方工业化社会"生态现代化"(Huber,1985)的进程。随着收入增加,环境压力增加到一定水平后,才会得到有效治理,呈现倒 U 形的"环境库兹涅茨曲线(EKC)(Panayotou,1997)"。然而,关于这一治理进程是否适用于揭示世界其他地区的发展中国家或工业化国家,存在较大分歧(Dinda,2004)。Carter(2006)、Mol(2006)、Gilley(2012)等,通过对中国的生态治理的持续关注,指出,中国在采用熟悉的西方模式的同时,出现了更加进步的环境政策,强调国家的核心作用,形成了鲜明的中国特色。中国在生态环境保护上将彻底抛弃"先污染后治理"的范式(李志青,2015;等)。国内学者在生态资产评价(高吉喜,2016;谢高地,2017;等)、生态补偿(谢高地,2015;沈满洪,2017;李国志,2017;等)、制度创新(卢洪友,2014;孟伟,2015;等)等方面的理论成果,为生态治理中国范式提供了有力支撑。

　　在"一带一路"战略中,中国多次明确提出,不输出"污染",输出的是绿色的高标准(习近平,2015—2017)。然而,国外学者对这一战略可能面临的生态安全挑战(Silagadze,2016;等),以及一些沿线国家薄弱的生态治理能力(Tracy,2017;等)表示担忧,强调建立"协同治理机制"尤为重要(Howard,2016;等)。Tracy(2017)进一步论证了通过自然资源交流将中国国内环境政策范式延伸到"一带一路"的可能性。国内学者(田颖聪,2017;薛伟贤,2017;张强,2016;中国—东盟环境保护合作中心团队,2015—2017;等)在对"一带一路"沿线国家生态评价基础上,从区域一体化(任海军,2015)、产业生态合作(姜晔,2015;董锁成,2016)、复合生态系统(薛伟贤,2017)等视角,提出了加强生态环保合作的思路和建议。

上述文献主要以"一带"为研究对象,关于"一路"生态问题的研究相对较少,现有成果主要聚焦在海洋生态环境和生态安全视角。杨振姣团队系列研究,基于国际经验,结合山东半岛海域特点,分析了"一带一路"背景下中国海洋生态面临的外来生物入侵、船舶污染、海上溢油等安全问题(杨振姣,2015,2017)。张林姣、沈满洪(2017)则着眼东海陆源污染,基于演化博弈分析方法,得到协同治理的策略集。

本章聚焦于海上丝绸之路"港航经济系统生态问题",相关研究包括港航物流生态评价、"一带一路"生态治理、绿色物流与绿色供应链、海丝路相关指数等领域。

(1)港航物流生态评价

相关研究经历了从污染评估、控制,到强调港口、城市、环境相互协调的过程,形成了港航项目环境评价(Knight,1983;Brooke,1990;Trozzi,2000;Bailey,2004;Corbett,2007;Chin,2010;等)、港口与城市关系(Dekker,2008;Broesterhuizen,2014;郭振峰,2016;等)、港航物流可持续发展(Peris-Mora,2005;Lirn,2012;Acciaro,2014;鲁渤,2017;等)等重要分支。评价方法包括:环境成本分析(美国环境保护局,1995;O'Connor,1997;Beng,2006;Ding,2010;等)、生态足迹和生态承载力评价(Rees,1992;Wackernagel，2002；郭子坚，2017；等)、模型评价(Eddy，2008；Hwang，2010；赵楠，2016；等)等。国内学者在生态资产评价(高吉喜，2016；谢高地，2017；等)、生态补偿(谢高地，2015；沈满洪，2017；李国志，2017；等)、制度创新(卢洪友，2014；孟伟，2015；李志青，2015；等)等方面的理论成果，为本课题得以深入提供了有力支撑。

(2)"一带一路"生态治理

"一带一路"战略面临各类生态安全挑战(Silagadze，2016；等)，一些沿线国家生态治理能力薄弱(Tracy，2017)，建立"协同治理机制"尤为重要(Howard，2016；等)。对此，国内学者(田颖聪，2017；薛伟贤，2017；中国—东盟环境保护合作中心，2015—2017；等)在对"一带一路"沿线国家生态评价基础上，从区域一体化(任海军，2015)、产业生态合作(姜晔，2015；董锁成，2016)、复合生态系统(薛伟贤，2017)等视角，提出了加强生态环保合作的思路和建议。关于"海上丝绸之路"生态治理的研究，主要聚焦在海洋生态环境和生态安全视角。杨振姣团队，借鉴国际经验，分析了"一带一路"背景下中国海洋生态面临的外来生物入侵、船舶污染等安全问题(杨振姣，2015，2017)。(张林姣，2017)则着眼东海陆源污染，基于演化博弈分析，得到协同治理的策略集。

(3)绿色供应链和绿色物流

Beeman(1999)将环境因素引入供应链模型中。之后，与绿色供应链有关的量化研究主要包括生命周期评价、均衡分析模型、多目标决策和层次分析法等。考虑生态发展政策因素，系统动力学、演化博弈方法常被用于建模和仿真分析。Kim Dong-Hwan(1997)、Petia(2000)较早尝试用 SD 建立博弈模型。蔡玲如(2009)将演化博弈与系统动力学相结合，对环境污染问题中的非对称混合策略动态博弈进行演化均衡稳定性分析。绿色物流与供应链领域的量化研究为本课题提供了方法论支持，相关行业标准(如：世界银行、英国、日本的物流指数，中国物流与采购联合会《绿色物流指标构成与核算方法》等)，为指数设计提供了重要参考。

（4）"一带一路"、绿色物流等领域相关指数研究

发达国家普遍用指数研究方法来评价生态环境发展状况，国内相关指数和标准正在加快形成。例如，由美国耶鲁大学环境法律与政策中心（YCELP）发布的环境绩效指数（EPI）量化测度国家政策中的环保绩效。在物流领域，英国物流指数，将运输过程产生的噪声和干扰作为重要考察对象；日本物流指数，把货运车辆事故数列入考核指标。在国内物流领域，中国物流与采购联合会编制了《绿色物流指标构成与核算方法》（2017.11）；中国—东盟环保合作中心与菜鸟联合发布了《绿色物流指标体系》（2017.05）；菜鸟的绿色联盟提出，到 2020 年减少碳排放 362 万吨，50％的电商包装采用绿色包装材料。

围绕"一带一路"的指数化标准端倪初现。如"一带一路"信息化投资指数（中国电子科学研究院，2015），反映丝绸之路沿线 65 个关键国家的信息化水平；"新丝路指数"（中国国际广播电台等，2015），选取西北 5 省前 100 位上市公司的股票样本，反映丝绸之路经济带覆盖区域内互联互通、经贸交流与合作的广度与深度。宁波航运交易所（联合国家发改委）发布的"海上丝路指数"，作为习近平主席访英期间中英双方达成的重要成果之一，在波罗的海交易所官方网站正式发布（2015.10），包括出口集装箱运价指数和海上丝路贸易指数，反映中国与 21 世纪海上丝绸之路沿线重要国家间的航运价格行情和经贸发展趋势。已有指数（见表 7.1）从信息化、资本运营、国际运价、贸易情况等角度，测度并直观反映了"一带一路"建设进程。

"一带一路"相关指数方兴未艾，但生态环境相关指数和标准仍亟待完善。"海上丝路指数"列入十三五规划[①]，已产生较大影响亦亟待充实内涵。

---

① 《国民经济和社会发展第十三个五年规划纲要》第五十一章第二节提出，"打造具有国际影响力的海上丝绸之路指数"。

表 7.1 "一带一路"相关指数

指数名称	指数内涵	发布单位	发布年份	指数影响力
丝路信息化投资指数	反映信息化投资水平	中国电子科学研究院	2015	覆盖丝绸之路沿线 65 个关键国家
新丝路指数	证券指数,包括价格指数和全收益指数	中国国际广播电台等	2015	覆盖中国西北 5 省
海上丝路指数	出口集装箱运价指数	宁波航运交易所国家发改委	2015	习近平主席访英重要成果之一,在波罗的海交易所官方网站正式发布
	海上丝路贸易指数	宁波航运交易所国家发改委	2017	"一带一路"高峰论坛主要成果之一

综述可见,生态治理议题备受关注,且对经济有内生性影响,相关研究基础扎实;"一带一路"生态治理是"一带一路"战略中不可分割且尤为重要的组成部分,但相关研究滞后,特别是针对"一路"生态治理的系统性研究更是少有见及。随着 21 世纪海上丝绸之路沿线国家间贸易联系的日益加强,海丝路港航物流系统对经济辐射力也将进一步增强,同时其生态溢出效应也将日益凸显。推动该领域中国标准、中国方案的研究工作意义重大且亟待展开。未来研究面临的全新挑战在于:海丝路背景下,港航物流生态系统的复杂度,远远超越了以往研究中的单一港口(或区域港口群);这就需要突破规则系统的局限,从复杂系统的视角,进行多方法混合建模;同时,对于这个社会关注度很高的经济领域,更需要将复杂机理易化为一个直观易读的"生态化指数"加以表征。

基于此,本章立足"绿色海上丝绸之路"建设,依托"海上丝路指数""港航物流生态治理"等前期研究积累,以港航物流体系为研究对象,提出编制生态化指数、构建该生态系统的协同演化模型,并设计生态治理的协同机制,希望能够对港航物流、生态经济、"一带一路"国家战略等领域,产生积极的学术贡献和决策参考价值。

7.3　基本观点

（1）共建"一带一路"进程中面临严峻的生态环境挑战

"一带一路"沿线65国多数为新兴经济体和发展中国家，经济总量占世界的30％，GDP增长率是世界平均水平的2倍。但大多数沿线国家发展方式比较粗放，平均能耗和排放是世界平均水平的1.5倍，一些沿线国家生态治理能力薄弱。化解"一带一路"推进过程中的生态环境冲突和不平衡是亟待解决的问题，建立跨区域"协同治理机制"势在必行。

（2）倡议打造"海丝路港航生态共同体"条件可行且恰逢其时

"一带一路"沿线港口城市是经济最有活力的地区，也是生态问题最为突出的区域，以沿线港航物流为载体，探索构建协同治理机制，是最为有效的合作路径。浙江港口生态环保走在全国前列，宁波—舟山港自2016年起，全面推广高低压岸电、液化天然气集卡车等绿色技术，甩挂运输、海铁联运等绿色物流模式日趋成熟。作为世界第一大港，宁波—舟山港有能力成为"一带一路"生态港航建设的倡导者和引领者。2019年即将举办第二届"一带一路"国际合作高峰论坛，适时提出打造"海丝路港航生态共同体"的倡议，并发布相关成果，是践行习近平总书记"人类命运共同体"战略构想，为"一带一路"建设贡献更多浙江高标准和浙江智慧的良好契机。

（3）率先研制并发布"海丝路生态指数"，是打造"海丝路生态共同体"的首要一环

生态指数是生态环境评价的国际通行做法，但反映"一带一路"生态状况的指数仍是空白。目前，已出现了"一带一路"信息化投资指数（中国电子科学研究院，2015），反映丝绸之路沿线66个关键国家（含中国）的信息化水平；"新丝路指数"（中国国际广播电台等，2015），反映丝绸之路经济带主要上市公司

运营状况。最具影响力的是我省(联合国家发改委)发布的"海上丝路指数"。作为习近平主席访英期间中英双方达成的重要成果之一,在波罗的海交易所官方网站正式发布,并列入国家"十三五"规划纲要,备受关注,亦亟待完善,尽快编制并发布"海丝路生态指数",是打造"海丝路生态共同体"的助推器。

(4)"海丝路生态指数"编制工作需要多部门协作完成

本研究团队提出了"海丝路生态指数"的编制构想,并设计了指数体系框架。"海上丝绸之路港航物流生态环境状况指数",简称"海丝路生态指数"(Silk Road Ecological Index,SREI),包括指标体系、计算原理、发布途径等内容框架。SREI 是一个综合指数,包括港口生态指数(含集疏运体系)和航运生态指数。SREI 能系统评价海丝路港航物流生态化水平,动态监测生态化进程,为跨区域合作提供数据参考和决策支持。SREI 的数据采集、计算纠偏、指数发布、监测预警等复杂业务需要多部门协作完成。

(5)"海丝路生态共同体"理念必将获得广泛认同

对中东欧国家的官方调查发现,他们非常认同"海丝路生态共同体"的理念和构想,并对中国倡导和参与"一带一路"沿线生态治理和建设充满期待。放眼未来,"海丝路生态指数"有望打造成为继"海上丝路运价指数""海上丝路贸易指数"之后,又一有影响力的"浙江指数",也将成为国家发改委"一带一路"沿线国家港口信息互联共享平台、国家生态环境部"国家'一带一路'生态环保大数据平台"的重要支撑,为我国企业投资"一带一路"生态港航项目提供方向指引。

7.4   几点建议

(1)整合力量,加快完善指数体系,制定指数发布方案

"海丝路生态指数"是一项全新的探索,包括指标选取、数据采集、计算纠

偏、预测评价等复杂业务,需要对能源消耗、资源整合、物流运营、政策保障等多领域综合评价,既需要借鉴成熟做法,更需要与时俱进、创建中国标准。整合高校、研究机构和行业部门的研究力量,十分必要。可以考虑由环保部门会同港航管理部门牵头,整合相关研究机构联合研发,完成《指数说明》《指数发布方案》。通过"一带一路"生态环保大数据服务平台、国家发改委"一带一路"沿线国家港口信息互联共享平台等,进行数据采集。指数发布考虑两条路径:一是由地方环保部门联合国家生态环境部共同发布,并纳入国家"一带一路"生态环保大数据服务平台;二是将生态指数纳入浙江省"海上丝路指数"体系,由宁波市政府联合国家发改委共同发布。

(2)分三步走搭建互联互通、协同推进的合作平台

首先,可借助第二届"一带一路"国际高峰论坛,发出"海丝路港航生态共同体"建设倡议,明确实施原则、方案内涵、实施路径、关键环节及对策举措,提升国际关注度。其次,可通过举办海丝路港口生态治理专题论坛,发起成立"海丝路生态港口联盟",搭建生态信息共享、治理政策互通的协调平台。最后,在生态港口联盟基础上,拓展合作范围,提升合作层级,从港航物流圈,扩展到港口经济圈,再到港口城市生态圈,逐步拓展"港航生态共同体"的辐射范围,为"一带一路"生态文明建设提供"中国方案"。

(3)建设海丝路港航生态环境监控预警大数据平台

以"海丝路生态指数"为基础,进一步开发"海丝路港航生态仿真系统",利用物联网、云计算、互联网+等技术,构建生态环境监控评估大数据平台,建立数据汇交、共享、质控管理机制,实现环境监测、环境质量评价、污染源在线监控、环境风险预警、环境监察执法等环境数据信息集成分析与综合应用,形成海丝路港航环境质量连续自动监测和环境污染远程预警体系。从技术、管理、组织等方面,总结我省港航生态治理的经验和策略,借鉴美国、欧洲、日本、新加坡等先进经验,提出可能的政策选项,通过仿真系统,模拟各项策略在海丝路港航物流体系中传导和协作效用,估测不同政策情境下,各国港口的博弈关

系、成本分摊、协同效率、临界条件、环境绩效等指标,并分析演化趋势,为构建以港口为先导的海丝路港航协同治理体系提供决策参考。

(4)提出海丝路港航物流协同治理机制

根据海丝路生态指数评价和政策仿真结果,提出海丝路港航物流协同治理机制。一是构建海丝路港航生态信息共享机制。借助"互联网＋"、大数据、卫星遥感等信息技术,加强信息采集,通过大数据平台,整理中国和沿线国家港口的生态环境状况以及环境保护政策、法规、标准、技术和产业发展等相关信息。二是建立海丝路港航生态承载力监测和预警机制,提出不同情境下的应对策略,形成"陆海统筹、港航一体、上下协同"的治理格局。三是建立海丝路港航生态项目联合开发机制。用足用好亚投行和丝路基金扶持政策,并建议发起设立海丝路港航建设专项基金,针对生态指数反映的重点领域,进行联合开发,鼓励我国企业积极参与沿线绿色港航建设项目。四是建立海丝路港航污染应急处理和联合惩戒机制。依托大数据平台,绘制污染热力图,就高发区域制定港际应急处理机制;对于监测发现的污染项目和主体,进行跨国联合惩戒。

(5)率先建成"海丝路生态文明示范区"

目前排名世界集装箱港口前列的新加坡港、中国香港港等,均实施了绿色化政策,带动了保险、金融、船舶租赁等高端航运业态的蓬勃发展。我国生态港航建设的共识已经达成,宁波—舟山港等港口在生态转型中示范效应初显。据课题组监测,宁波—舟山港自 2009 年起开始出现生态赤字,并逐年增大。自 2016 年起,通过高低压岸电、液化天然气集卡车等绿色技术推广,以及双重甩挂运输、海铁联运等绿色物流方式的推行,生态赤字开始回落。

适应"绿色丝绸之路"建设要求,继续深入推进宁波—舟山港等海丝路起点港的转型发展、创新发展、绿色发展,率先建成"海丝路生态文明示范区"。一是实施"绿色港口经济圈"战略,实现海港、海湾、海岛"三海"生态联动,加快推进港口、产业、城市绿色协调发展,从根本上缓解港口资源环境压力,确保生态环境安全,全面带动改善港口生态环境质量。二是加大绿色港航技术的支持力度,大力推广船舶排放控制区和岸电系统建设,为靠港船只提供清洁能源。据宁波港测算,一艘中型集装箱船靠港期间一天排放的 PM2.5 污染物相当于 50 万辆"国四"小汽车一天的排放量。宁波舟山港平均每天约 100 艘次船舶到港。据此可知,岸电比例每提高一个百分点,相当于每天减少 50 万辆小汽车的污染,绿色技术价值可见一斑。三是进一步发挥宁波—舟山港在海丝路生态建设中的引领作用,积极参与海外港口生态项目投资,及时输出绿色高标准,长远回报可观。

参考文献

[1] Al-Mulali U，Weng-Wai C，Sheau-Ting L，et al. Investigating the environmental Kuznets curve (EKC) hypothesis by utilizing the ecological footprint as an indicator of environmental degradation[J]. Ecological Indicators，2015，48：315-323.

[2] Alsamawi A，McBain D，Murray J，et al. The inequality footprints of nations：a novel approach to quantitative accounting of income inequality[M]// The Social Footprints of Global Trade. Springer，Singapore，2017：69-91.

[3] Areas E. Ecosystem appropriation by cities[J]. Ambio，1997，26 (3)：167-172.

[4] Aregall M G，Bergqvist R，Monios J. A global review of the hinterland dimension of green port strategies[J]. Transportation Research Part D：Transport and Environment，2018，59：23-34.

[5] Arena F，Malara G，Musolino G，et al. From green-energy to green-logistics：a pilot study in an Italian port area[J]. Transportation Research Procedia，2018，30：111-118.

[6] Arvis J F，Ojala L，Wiederer C，et al. Connecting to compete 2018：trade logistics in the global economy ［M］. World Bank，2018.

[7] Bależentis T，Štreimikien D，Melnikien R，et al. Prospects of green

growth in the electricity sector in Baltic States: Pinch analysis based on ecological footprint[J]. Resources, Conservation and Recycling, 2019, 142: 37-48.

[8] Baloch M A, Zhang J, Iqbal K, et al. The effect of financial development on ecological footprint in BRI countries: evidence from panel data estimation[J]. Environmental Science and Pollution Research, 2019: 1-10.

[9] Barrett J, Scott A. The ecological footprint: a metric for corporate sustainability[J]. Corporate Environmental Strategy, 2001, 8(4): 316-325.

[10] Beeson, Mark. Environmental Authoritarism and China[M] // Gabrielson T, Hall c, Mayer J, et al. Oxford: Oxford University Press, 2016: 520-532.

[11] Birett M J. Encouraging green procurement practices in business: a Canadian case study in programme development[J]. Greener Purchasing: Opportunities and Innovations, 1998(11): 108-117.

[12] Brooke J. Environmental appraisal for ports and harbours[J]. Dock & Harbour Authority, 1990, 71(820): 89-94.

[13] Brown M T, Ulgiati S. Energy quality, emergy, and transformity: HT Odum's contributions to quantifying and understanding systems[J]. Ecological Modelling, 2004, 178(1/2): 201-213.

[14] Buamol, William, Wallace O. The theory of environmental policy [M]. Gambridge: Cambridge University Press, 1989.

[15] Cai H, Chen Y, Gong Q. Polluting thy neighbor: Unintended consequences of China's pollution reduction mandates[J]. Journal of Environmental Economics and Management, 2016, 76: 86-104.

参
考
文
献

[16] Carter N T, Mol A P J. China and the environment: Domestic and transnational dynamics of a future hegemon[J]. Environmental Politics, 2006, 15(2): 330-344.

[17] Chatterjee K, Pamucar D, Zavadskas E K. Evaluating the performance of suppliers based on using the R'AMATEL-MAIRCA method for green supply chain implementation in electronics industry[J]. Journal of Cleaner Production, 2018, 184: 101-129.

[18] Chavoshlou A S, Khamseh A A, Naderi B. An optimization model of three-player payoff based on fuzzy game theory in green supply chain[J]. Computers & Industrial Engineering, 2019, 128: 782-794.

[19] Chen D, Yang Z. Systematic optimization of port clusters along the Maritime Silk Road in the context of industry transfer and production capacity constraints[J]. Transportation Research Part E: Logistics and Transportation Review, 2018, 109: 174-189.

[20] Chiu R H, Lin L H, Ting S C. Evaluation of green port factors and performance: A fuzzy AHP analysis [J]. Mathematical Problems in Engineering. 2014,5: 1-12.

[21] Copeland B R, Taylor M S. Trade, growth, and the environment [J]. Journal of Economic Literature, 2004, 42(1): 7-71.

[22] Corman J R, Collins S L, Cook E M, et al. Foundations and frontiers of ecosystem science: legacy of a classic paper (Odum 1969) [J]. Ecosystems, 2018(12): 1-13.

[23] Cullinane K, Cullinane S. Policy on reducing shipping emissions: implications for "green ports"[M]// Green Ports. Elsevier, 2019: 35-62.

[24] Defeng Z, Xiaoxing L, Yanyan W, et al. Spatiotemporal evolution and driving forces of natural capital utilization in China based on three-dimensional ecological footprint[J]. Progress in Geography, 2018, 37(10): 1328-1339.

[25] Di Vaio A, Varriale L, Alvino F. Key performance indicators for developing environmentally sustainable and energy efficient ports: Evidence from Italy[J]. Energy Policy, 2018, 122: 229-240.

[26] Dinda S. Environmental Kuznets curve hypothesis: a survey[J]. Ecological Economics, 2004, 49(4): 431-455.

[27] Dou Y, Zhu Q, Sarkis J. Green multi-tier supply chain management: An enabler investigation[J]. Journal of Purchasing and Supply Management, 2018, 24(2): 95-107.

[28] Fadhlillah M L A, Tokuda H, Harlia E. West Java's rice consumption ecological footprint: the past and now[C]// Achieving and Sustaining SDGs 2018 Conference: Harnessing the Power of Frontier Technology to Achieve the Sustainable Development Goals (ASSDG 2018). Atlantis Press, 2019.

[29] Galli A. On the rationale and policy usefulness of Ecological Footprint Accounting: The case of Morocco[J]. Environmental Science & Policy, 2015, 48: 210-224.

[30] Gilley, Bruce. Authoritarian environmentalism and China's response to climate change[J]. Environmental Politics, 2012(21): 287-307.

[31] Heshan L, Weiwei Y, Kun L, et al. Assessing benthic ecological status in stressed Wuyuan Bay (Xiamen, China) using AMBI and M-AMBI[J]. Haiyang Xuebao, 2015, 37(8): 76-87.

参考文献

[32] Herendeen R A. Ecological footprint is a vivid indicator of indirect effects[J]. Ecological Economics, 2000, 32(3): 357-358.

[33] Hesse M. Approaching the relational nature of the port-city interface in Europe: Ties and tensions between seaports and the urban [J]. Tijdschrift Voor Economische en Sociale Geografie, 2018, 109(2): 210-223.

[34] Hong Z, Guo X. Green product supply chain contracts considering environmental responsibilities[J]. Omega, 2019, 83: 155-166.

[35] Jafarzadeh-Ghoushchi S. Qualitative and quantitative analysis of green supply chain management (GSCM) literature from 2000 to 2015[J]. International Journal of Supply Chain Management, 2018, 7(1): 77-86.

[36] Jamali M B, Rasti-Barzoki M. A game theoretic approach for green and non-green product pricing in chain-to-chain competitive sustainable and regular dual-channel supply chains[J]. Journal of Cleaner Production, 2018, 170: 1029-1043.

[37] Kaldellis J K, Apostolou D, Kapsali M, et al. Environmental and social footprint of offshore wind energy: Comparison with onshore counterpart[J]. Renewable Energy, 2016, 92: 543-556.

[38] Karssenberg D, Schmitz O, Salamon P, et al. A software framework for construction of process-based stochastic spatio-temporal models and data assimilation[J]. Environmental Modelling & Software, 2010, 25(4): 489-502.

[39] Kaur J, Sidhu R, Awasthi A, et al. A DEMATEL based approach for investigating barriers in green supply chain management in Canadian manufacturing firms[J]. International Journal of Produc-

tion Research, 2018, 56(1/2): 312-332.

[40] Khan S A R, Zhang Y, Anees M, et al. Green supply chain management, economic growth and environment: A GMM based evidence[J]. Journal of Cleaner Production, 2018, 185: 588-599.

[41] Knight K D, Dufournaud C, Mulamoottil G. Conceptual ecological modelling and interaction matrices as environmental assessment tools in coastal planning[J]. Water Science and Technology, 1984, 16(3-4): 559-567.

[42] Lenzen M, Murray S A. A modified ecological footprint method and its application to Australia[J]. Ecological economics, 2001, 37(2): 229-255.

[43] Lewis K, Barrett J, Simmons C. Two-feet-two approaches: a component-based model of ecological footprint[J]. Ecological Economics, 2000, 32: 375-380.

[44] Li N, Chen G, Govindan K, et al. Disruption management for truck appointment system at a container terminal: A green initiative[J]. Transportation Research Part D: Transport and Environment, 2018, 61: 261-273.

[45] Liu C. Research on port logistics synergy in Beijing-Tianjin-Hebei Region under the green perspective[C] // 2nd International Conference on Economics and Management, Education, Humanities and Social Sciences (EMEHSS 2018). Atlantis Press, 2018.

[46] Liu H, Wang X, Yang J, et al. The ecological footprint evaluation of low carbon campuses based on life cycle assessment: A case study of Tianjin, China[J]. Journal of Cleaner Production, 2017, 144: 266-278.

参考文献

[47] Liu J, Feng Y, Zhu Q, et al. Green supply chain management and the circular economy: Reviewing theory for advancement of both fields[J]. International Journal of Physical Distribution & Logistics Management, 2018, 48(8): 794-817.

[48] Liu X, Fu J, Jiang D, et al. Improvement of ecological footprint model in national nature reserve based on net primary production (NPP)[J]. Sustainability, 2018, 11(1): 1-16.

[49] Luo X X, Jia H L, Yang J Q, et al. A comparison of soil organic carbon pools in two typical estuary reed wetlands in northern China[J]. Periodical of Ocean University of China, 2015, 45(3): 99-106.

[50] Marzantowicz, Dembińska I. The Reasons for the implementation of the concept of green port in sea ports of China[J]. Logistics and Transport, 2018, 37: 121-128.

[51] McDonald G W, Patterson M G. Ecological footprints and interdependencies of New Zealand regions[J]. Ecological Economics, 2004, 50(1/2): 49-67.

[52] Merelene A. Port economic impact studies[M]. Ports & Harbors, 1999: 9.

[53] Mol A P J. Environment and modernity in transitional China: frontiers of ecological modernization [J]. Development and Change, 2006, 37(1): 29-56.

[54] Mumtaz U, Ali Y, Petrillo A, et al. Identifying the critical factors of green supply chain management: Environmental benefits in Pakistan[J]. Science of The Total Environment, 2018, 640: 144-152.

[55] Nakajima E S, Ortega E. Carrying capacity using emergy and a new calculation of the ecological footprint[J]. Ecological indicators, 2016, 60: 1200-1207.

[56] Neutzling D M, Land A, Seuring S, et al. Linking sustainability-oriented innovation to supply chain relationship integration[J]. Journal of Cleaner Production, 2018, 172: 3448-3458.

[57] Ng A K Y, Wang T, Yang Z, et al. How is business adapting to climate change impacts appropriately? Insight from the commercial port sector[J]. Journal of Business Ethics, 2018, 150(4): 1029-1047.

[58] Odum H T, Brown M T, Williams S B. Handbook of emergy evaluation[J]. Center for Environmental Policy, 2000.

[59] Odum H T. Ecological and general systems: an introduction to systems ecology[M]. Univ. Press of Colorado, 1994.

[60] Odum H T. Emergy accounting[M]//Unveiling Wealth. Springer, Dordrecht, 2002: 135-146.

[61] Odum H T. Environment and society in Florida [M]. Routledge, 2018.

[62] Odum H T. Environment, power and society[M]. New York, USA, Wiley-Interscience, 1971.

[63] Odum H T. Environmental accounting: emergy and environmental decision making[M]. Wiley, 1996.

[64] Odum H T. Self-organization, transformity, and information[J]. Science, 1988, 242(4882): 1132-1139.

[65] Paipai E. Guidelines for port environmental management[J]. Maritime Engineering & Ports II, 1999, 11: 197—206.

参考文献

[66] Peris-Mora E, Orejas, J M D, Subirats A. Development of a system of indicators for sustainable port management[J]. Mar. Pollut. Bull. 2005,50(12), 1649-1660.

[67] Rashid A, Irum A, Malik I A, et al. Ecological footprint of Rawalpindi; Pakistan's first footprint analysis from urbanization perspective [J]. Journal of Cleaner Production, 2018, 170: 362-368.

[68] Rezaei J, van Roekel W S, Tavasszy L. Measuring the relative importance of the logistics performance index indicators using Best Worst Method[J]. Transport Policy, 2018, 68: 158-169.

[69] Roach B, Wade W W. Policy evaluation of natural resource injuries using habitat equivalency analysis[J]. Ecological Economics, 2006(2): 421-437.

[70] Saberi S, Cruz J M, Sarkis J, et al. A competitive multiperiod supply chain network model with freight carriers and green technology investment option[J]. European Journal of Operational Research, 2018, 266(3): 934-949.

[71] Satır T, Doğan-Sağlamtimur N. The protection of marine aquatic life: Green port (EcoPort) model inspired by green port concept in selected ports from Turkey, Europe and the USA[J]. Periodicals of Engineering and Natural Sciences (PEN), 2018, 6(1): 120-129.

[72] Simmons C, Chambers N. Footprinting UK households: how big is your ecological garden? [J]. Local Environment, 1998, 3(3): 355-362.

[73] Simmons C, Lewis K, Barrett J. Two feet—two approaches: a

component-based model of ecological footprinting[J]. Ecological
Economics, 2000, 32(3): 375-380.

[74] Stefan G, Carina B H, Oliver H. Ecological Footprint an analysis
as a tool to assess tourism Sustainability[J]. Ecological Econom-
ics, 2002, 43:199-211.

[75] Tam J P K, Fernando Y. Ecological performance as a new metric
to measure green supply chain practices[M]//Encyclopedia of In-
formation Science and Technology, Fourth Edition. IGI Global,
2018: 5357-5366.

[76] Trozzi C, Vaccaro R. Environmental impact of port activities[J].
WIT Transactions on The Built Environment, 2000, 51 :
151-161.

[77] Tseng M L, Lim M, Wu K J, et al. A novel approach for enhan-
cing green supply chain management using converged interval-val-
ued triangular fuzzy numbers-grey relation analysis [J]. Re-
sources, Conservation and Recycling, 2018, 128: 122-133.

[78] Ulgiati S, Odum H T, Bastianoni S. Emergy use, environmental
loading and sustainability an emergy analysis of Italy[J]. Ecologi-
cal modelling, 1994, 73(3/4): 215-268.

[79] Ulucak R, Apergis N. Does convergence really matter for the en-
vironment? An application based on club convergence and on the
ecological footprint concept for the EU countries[J]. Environ-
mental Science & Policy, 2018, 80: 21-27.

[80] Van Vuuren D P, Bouwman L F. Exploring past and future chan-
ges in the ecological footprint for world regions[J]. Ecological E-
conomics, 2005, 52(1): 43-62.

参考文献

[81] Van Vuuren D P, Smeets E M W. Ecological footprints of benin, bhutan, costa rica and the netherlands[J]. Ecological Economics, 2000, 34(1): 115-130.

[82] Wackernagel M, Lewan L, Hansson C B. Evaluating the use of natural capital with the ecological footprint: applications in Sweden and subregions[J]. Ambio, 1999: 604-612.

[83] Wackernagel M, Yount J D. The ecological footprint: an indicator of progress toward regional sustainability[J]. Environmental Monitoring and Assessment, 1998, 51(1/2): 511-529.

[84] Wan C, Zhang D, Yan X, et al. A novel model for the quantitative evaluation of green port development-A case study of major ports in China[J]. Transportation Research Part D: Transport and Environment, 2018, 61: 431-443.

[85] Wang S, Chen B. Energy-water nexus of urban agglomeration based on multiregional input-output tables and ecological network analysis: a case study of the Beijing-Tianjin-Hebei region[J]. Applied Energy, 2016, 178: 773-783.

[86] White T. Diet and the distribution of environmental impact[J]. Ecological Economics, 2000, 34(1): 145-153.

[87] Xiao Y, Norris C B, Lenzen M, et al. How social footprints of nations can assist in achieving the Sustainable Development Goals [J]. Ecological Economics, 2017, 135: 55-65.

[88] Xu Z, Chang G A O. Low-carbon campus construction based on ecological footprint theory: A case study of shenzhen graduate school, Peking University[J]. Journal of Landscape Research, 2018, 10(5): 63-68.

[89] Zhang C，Anadon L D. A multi-regional input-output analysis of domestic virtual water trade and provincial water footprint in China[J]. Ecological Economics，2014，100：159-172.

[90] Zhu Y，Zhou L，Zhang X，et al. Assessment of ecological sustainability of resource-based city—A case study of Hancheng City，China[C]//2018 7th International Conference on Energy and Environmental Protection (ICEEP 2018). Atlantis Press，2018.

[91] 曹晶晶.基于能值生态足迹模型的湖北省生态安全评价与预测[D]. 武汉:湖北大学.2012.

[92] 陈东景,徐中民.中国西北地区的生态足迹[J].冰川冻土,2001,23 (2):164-169.

[93] 陈秋计,刘昌华.煤炭主产区生态足迹对比分析[J].中国煤炭, 2006,32(2):18-20.

[94] 陈文晖,王玉国.论港口发展与城市发展互动[J].中国工程咨询, 2006(5)：22-23.

[95] 董仪,林安东.论港口的持续发展战略及其对策[J].中国港口,2001 (2):20-21.

[96] 杜昌建.习近平生态文明思想研究述评[J].北京交通大学学报(社 会科学版),2018,17(1):151.

[97] 杜其东,陶其钧.国际经济中心城市港口比较专题系列研究之一:港 口与城市关系研究[J].水运管理,1996(1):5-10.

[98] 方恺,董德明,沈万斌.生态足迹理论在能源消费评价中的缺陷与改 进探讨[J].自然资源学报,2010,25(6):1013-1021.

[99] 方恺.基于改进生态足迹三维模型的自然资本利用特征分析——选 取11个国家为数据源[J].生态学报,2015,35(11):3766-3777.

[100] 顾晓薇,王青,刘建兴.基于"国家公顷"计算城市生态足迹的新方

法[J].东北大学学报,2005(4):295-298.

[101] 郭保春,李玉如.纽约—新泽西港绿色港口之路对我国港口发展的借鉴[J].水运管理,2006,28(10):8-10.

[102] 郭建科,何瑶,侯雅洁.中国沿海集装箱港口航运网络空间联系及区域差异[J].地理科学进展,2018,37(11):1499-1509.

[103] 郭剑彪.港航物流发展研究[M].杭州:浙江大学出版社,2011.

[104] 郭子坚,崔维康,彭云,等.基于EEF模型的港口生态评价方法研究[J].水道港口,2017,38(2):198-201.

[105] 黄青,任志远,王晓峰.黄土高原地区生态足迹研究[J].国土与自然资源研究,2003(2):57-58.

[106] 姜瑞华.重庆市生态安全的状态、演化趋势及调控措施研究[D].重庆:重庆师范大学,2010.

[107] 李峰楠,元永勋,陶明.可持续发展建设之路——科伦坡南集装箱码头项目[J].国际工程与劳务,2018(4):60-62.

[108] 李广军,王青,顾晓薇,初道忠.生态足迹在中国城市发展中的应用[J].东北大学学报(自然科学版),2007(10):1485-1487.

[109] 李秋正.低碳经济视角下港口物流对城市环境的负面影响研究——以宁波为例[J].生产力研究,2011(5):72-75.

[110] 李睿倩.基于能值分析法的海阳港区总体规划可持续性评价[D].青岛:中国海洋大学,2012.

[111] 李泽红,王卷乐,赵中平,等.丝绸之路经济带生态环境格局与生态文明建设模式[J].资源科学,2014(12):2476-2482.

[112] 梁佩珩.港口的环境保护与可持续性发展[J].珠江水运,2006(8):16-17.

[113] 梁双波,曹有挥,吴威,等.全球化背景下的南京港城关联发展效应分析[J].地理研究,2007,26(3):599-608.

[114] 林贡钦,徐广林.国外著名湾区发展经验及对我国的启示[J].深圳大学学报(人文社科版),2017,34(5):25-31.

[115] 刘秉镰.港城关系机理分析[J].港口经济,2002(3):12-14.

[116] 刘海涛.基于能值生态足迹模型的内蒙古自治区生态承载力与生态安全研究[D].重庆:西南大学,2011.

[117] 刘金花.基于改进生态足迹模型的低碳土地利用研究[D].北京:中国地质大学.2013.

[118] 刘晶.基于能值生态足迹模型的吉林省生态安全研究[D].长春:吉林大学,2008.

[119] 刘淼,胡远满,李月辉.生态足迹方法及研究进展[J].生态学杂志,2006(3):334-339.

[120] 刘贤赵,高长春,张勇,等.中国省域碳强度空间依赖格局及其影响因素的空间异质性研究[J].地理科学,2018,38(5):681-690.

[121] 鲁渤,王辉坡.基于演化博弈的政府推动绿色港口建设对策[J].华东经济管理,2017(8):153-159.

[122] 陆大道.长江大保护与长江经济带的可持续发展——关于落实习总书记重要指示,实现长江经济带可持续发展的认识与建议[J].地理学报,2018,73(10):1829-1836.

[123] 鹿瑶,李效顺,蒋冬梅,等.区域生态足迹盈亏测算及其空间特征——以江苏省为例[J].生态学报,2018(23):8574-8583.

[124] 罗先香,杨建强.海洋生态系统健康评价的底栖生物指数法研究进展[J].海洋通报(中文版),2009,28(3):106-112.

[125] 吕向东.生态型城市生活固体废弃物物流的评价研究[D].北京:北京交通大学,2007.

[126] 马自坤.基于能值—生态足迹模型的区域可持续发展研究[D].兰州:甘肃农业大学,2018.

[127] 梅小艳.城市固体垃圾处理及污染控制相关问题研究[D].重庆:重庆大学,2006.

[128] 孟海涛,陈伟琪,赵晟,等.生态足迹方法在围填海评价中的应用初探以厦门西海域为例[J].厦门大学学报(自然科学版),2007,46(A01):203-208.

[129] 彭传圣,李庆祥,李静,等.我国营运船舶市场准入燃料消耗限值标准及其实施方法[J].水运管理,2011,33(11):7-11.

[130] 彭传圣.港口生产能耗和排放计算问题研究[J].港口装卸,2011(6):25-30.

[131] 彭传圣.中国港口"十二五"节能减排的工作思路与安排[J].中国港口,2011(5):1-4.

[132] 曲富国,孙宇飞.基于政府间博弈的流域生态补偿机制研究[J].中国人口·资源与环境,2014(11):83-88.

[133] 沈晓峰.农村生活垃圾太阳能处理及其生态足迹研究[D].宁波:宁波大学,2012.

[134] 施云清,罗贯三,李红.低碳经济条件下大力发展海铁联运势在必行[J].物流工程与管理,2010,32(9):115-117.

[135] 史丹,王俊杰.基于生态足迹的中国生态压力与生态效率测度与评价[J].中国工业经济,2016,5(5):21.

[136] 孙开钊.北京市生活固体废弃物物流网络研究[D].北京:北京交通大学,2007.

[137] 孙艳芝,沈镭.关于我国四大足迹理论研究变化的文献计量分析[J].自然资源学报,2016,31(9):1463-1473.

[138] 田虹,崔悦,姜雨峰.绿色供应链管理能提升企业可持续发展吗?[J].财经论丛,2018,238(10):77-85.

[139] 田腾.中国绿色港口现状及发展研究[J].环境科学与管理,2018

(5):141-145.

[140] 田颖聪."一带一路"沿线国家生态环境保护[J].经济研究参考,
2017(15):104-120.

[141] 童悦,毛传澡,严力蛟.基于能值—生态足迹改进模型的浙江省耕
地可持续利用研究[J].生态与农村环境学报,2015,31(5):
664-670.

[142] 王爱萍.港口对滨海城市可持续发展影响的定量评价——以山东
省日照市为例[J].中国人口资源与环境,2000(S1):93-95.

[143] 王大庆.黑龙江省生态足迹与生态安全分析及其可持续发展对策
[D]哈尔滨:东北农业大学,2008.

[144] 王凯,邵海琴,周婷婷,等.基于EKC框架的旅游发展对区域碳排
放的影响分析——基于1995—2015年中国省际面板数据[J].地
理研究,2018,37(4):742-750.

[145] 温小栋,张振亚,王赛赛,等.宁波市交通产业发展现状与对策[J].
重庆交通大学学报(社会科学版),2018,18(6):68-72.

[146] 吴传钧,高小真.海港城市的成长模式[J].地理研究,1989,8(4):
8-15.

[147] 习近平.生态兴则文明兴——推进生态建设 打造"绿色浙江"[J].
求是,2003(13):42-44.

[148] 谢新源,陈悠,李振山.国内外生态足迹研究进展[J].四川环境,
2008,27(1):66-72.

[149] 徐中民,张志强,程国栋.甘肃省1998年生态足迹计算与分析[J].
地理学报,2000,55(5):607-616.

[150] 许继琴.港口城市成长的理论与实证探讨[J].地域研究与开发,
1997,16(4):11-14.

[151] 薛澜,翁凌飞.关于中国"一带一路"倡议推动联合国《2030年可持

续发展议程》的思考[J].中国科学院院刊,2018(1):8.

[152] 杨华雄.论港口与城市的协调发展[J].中国港口,2000,6(9):11.

[153] 杨建强,朱永贵,宋文鹏,等.基于生境质量和生态响应的莱州湾生态环境质量评价[J].生态学报,2014,34(1):105-114.

[154] 杨镜吾,沈豹.城市依托对港口开发的影响[J].中国水运,2006(9):34-35.

[155] 杨开忠,杨咏,陈洁.生态足迹分析理论与方法[J].地球科学进展,2000,15(6):630-636.

[156] 杨秋.基于能值理论与生态足迹模型的甘肃省农业生态系统可持续发展研究[D].兰州:甘肃农业大学,2013.

[157] 杨艳,牛建明,张庆.基于生态足迹的半干旱草原区生态承载力与可持续发展研究——以内蒙古锡林郭勒盟为例[J].生态学报,2011,31(17):5096-5104.

[158] 杨振姣,等."一带一路"背景下中国海洋生态安全的机遇与挑战[J].中国海洋社会学研究,2017(5):33-49.

[159] 姚伟静,林少培.试论港口城市的可持续发展[J].中国港口,1998(4):44-45.

[160] 袁文博.基于生态足迹的南宁市生态安全评价[D].长春:吉林大学,2010.

[161] 张波,王青,刘建兴等.中国生态足迹的趋势预测及情景模拟分析[J].东北大学学报(自然科学版),2010,31(4):576-580.

[162] 张翠菊,张宗益.中国省域碳排放强度的集聚效应和辐射效应研究[J].环境科学学报,2017,37(3):1178-1184.

[163] 张芳,徐伟峰,李光明.上海市 2003 年生态足迹与生态承载力分析[J].同济大学学报(自然科学版),2006,34(1):80-84.

[164] 张林姣,沈满洪.东海陆源污染治理的演化博弈分析[J].海洋开发

与管理,2017(4):3-12.

[165] 张淼.基于绿色理念的港城互动发展关系研究[D].大连:大连海事
大学,2009.

[166] 张萍,严以新,许长新.区域港城系统演化的动力机制分析[J].水
运工程,2006(2):48-51.

[167] 张入方.港口建设与运营过程对城市空间发展的环境影响及互动
过程研究[D].青岛:中国海洋大学,2009.

[168] 章锦河,张捷.旅游生态足迹模型及黄山市实证分析[J].地理学
报,2004,59(5):763-771.

[169] 赵伟娜,王诺.港口对城市的绿色经济贡献率[J].水运管理,2007,
29(10):10-12.

[170] 郑军南.生态足迹理论在区域可持续发展评价中的应用[D].杭州:
浙江大学,2006.

[171] 中国-东盟环境保护合作中心,中国-上海合作组织环境保护合作中
心."一带一路"生态环境蓝皮书—沿线区域环保合作和国家生态
环境状况报告[M].北京:中国环境出版社,2017.

[172] 中华人民共和国环境保护部."一带一路"生态环境保护合作规划
[R].2017.

[173] 周炳中,辛太康.中外主要港口城市可持续发展能力的比较研究
[J].资源科学,2008,30(2):177-184.

[174] 周虹伯.船舶岸电系统技术研究[J].仪表技术,2018(1):1-5.

[175] 周涛,王云鹏,龚健周,等.生态足迹的模型修正与方法改进述评
[J].生态学报,2015,35(14):1-12.